目耕録

——定年退職後の晴耕雨読——

山本鎮雄

目耕：目で紙田を耕す。読書することを譬えて言う（『世説新語』）。

目耕録＊目次

はじめに

晩秋のある山狭村の文学散歩――三島由紀夫『奔馬』に寄せて――

私は退職をきっかけに二地域に居住し、晴耕雨読の生活を始めた。東京の郊外の自宅ではもっぱら本読みと物書きで過ごし、一週間に一回（一泊二日）、JR中央線に乗り、山梨県東部にある二百坪の畑で野菜作りに励んだ。最初はしんどかったが、デスクワークで鈍った身体を思い切り動かし、身体になるべく負荷をかけた。身体の疲労がかえって精神を快適にした。ゴルフやジョギングは趣味と健康に最適だが、野菜作りはそのうえに収穫という実益がある。

これから述べる作家の三島由紀夫は、超多忙な暮らしにもかかわらず、自らの健康法として一週間に二回のボディビルと一回の剣道を日課にした。三島は作家活動その他で神経が十疲れても、肉体は三しか疲労しない。そこで、運動によって肉体を十まで疲れさせ、肉体十と頭脳十のバランスを心がけ、しばらく休養したあと、精力的に仕事に取りかかるそうだ。

私自身は三島ほど超一流の仕事はしていないし、「肉体の改造」に賭けたこともないが、野良仕事で肉体を疲労させ、神経とのバランスを保っている。そしてメタボの私は農閑期には二キロほど太り、農繁期には畑でびっしょりと汗をかいて二キロほど痩せた。

最初は定年前の生活習慣から週末に出かけ、畑に野菜作りのテキストを持ち込み、野良仕事に励んだ。耕耘機や刈払機で雑草を取り除いても、すぐ雑草は畑一面に生えてくる。週一回の野良仕事では手が回らず、雑草は生えるに任せるしかなかった。

畑の雑草を見た古老から「あれじゃあ、畑をダメにする」と盛んに陰口をたたかれたが、これは伝統農法ではなく、自然栽培だと居直り、陰口を無視することにした。その後、「毎日が日曜日」のわが身を考え、快晴の週日を選んで出かけることにした。

晩秋の梁川

私が通う梁川町は相模川の上流部の桂川をはさんで丹沢山地の北端、秩父山地の南端にある。二段の河岸段丘の平坦地に集落と田畑が点在し、斧窪、彦田、立野、西村、綱本、原などの集落からなる。この山村は江戸時代初期から昭和期にかけて養蚕と甲斐絹、製材と薪炭が主な産業だった。甲斐絹の最盛期にはガチャ万―機屋《はた》の織機がガチャン、ガチャンと鳴るたびに万の金が入る―という言葉が流行した。

この山狭村は、三島由紀夫の絶筆となった長編小説『豊饒の海』第二巻『奔馬』二十二章以下に登場する。私は『奔馬』（新潮文庫、一九六九年）の刊行直後、本書を携えて晩秋の梁川の集落、紅葉の里山、桂川の渓谷を散策し、三島の風景の観察力と巧みな描写力に改めて敬服した。晩秋の梁川に出かけたが、畑は数日来の雨でぬかるみ、野良仕事をあきらめ、久しぶりに『奔馬』に登場する舞台を散策した。

ところが、最初の散策時、三島が記述した朽ちかけた吊橋（「釜橋」、その当時は通行禁止）、立野の集落にある半鐘を吊した火の見櫓、雑草に埋もれた嘉永年間の大念仏供養の石碑を見かけたが、二度目の散策時には、それらはすべて撤去あるいは破壊され、目にすることは出来なかった。

『奔馬』は血盟団事件、五・一五事件などの右翼や軍部によるクーデター事件が頻発した昭和七年の設定で、右翼塾の塾頭の飯沼茂之は、旧知で判事の本多繁邦を誘い、息子の勲が合宿している甲斐《かい》国南都留《みなみつる》郡梁川に出かけた。その当時、梁川は電車の駅が開設されていないため、新宿駅から中央線で二時間近い塩津駅（現在、四方津駅）で下車し、桂川沿いに一里ほど歩いたところにある。

幻想的な情景描写

神道の平田篤胤の崇拝家の真杉海堂は、梁川の綱本の河岸段丘の下段に二町五反の田畑を持ち、神社、禊所、練成会の道場を主宰している。三島は古い吊橋を渡る情景と周辺の風景を次のように極めて幻想的に描写している。

この朽ちかけた吊橋が、丁度淵と瀬を分けている。渡りきった本多は、粛々と吊橋を渡ってくる若者たちの姿を見返った。橋板にはとめどもない震動が軽くにじんでいる。あとに残した岸の櫟林や桑畑ややつれた白膠木《ぬるで》の紅葉や、官能的なほど黒い幹から赤い実一つをかざした柿や、袂の小屋を背景に、一人一人玉串を提げて来る若者が、橋半ばで、折から山の端の雲をわずかに破った西日によって照らされる。

三島文学の魅力の一つは的確な風景の描写であろう。三島はおそらく小説の構想を綿密に練り上げ、現地を丹念に取材し、情景と心象を融合して創作したのであろう。

『豊饒の海』に限っても、三島は海外ではインドの聖地ベナレス、タイの首都バンコク、国内では奈良、大阪、京都、熊本、そして梁川などの各地を精力的に取材した。ところが、三島文学に精通した文芸評論家、雑誌・出版社の編集者の誰もが、『奔馬』の決定的な舞台の一つ、この梁川には触れていない。そこで、梁川について言及してみたい。

私は河岸段丘の下段の綱本の農道を歩きながら、陶淵明の「田園まさに蕪《あ》れなんとす」という一句を思い出し、桂川の川原に来た。私は「ここかな」と思い、しばらく瀬音と岩走る水の流れを見聞きした。ここで『奔馬』の主人公の飯沼勲が昭和神風連の同志とともにクーデター計画を謀議した。

一同は黙々と勲に従い、田の南端の巨岩の杜《もり》のかげへ来て車座を作った。見下ろす瀬は、あたかも桂川が直角に曲がるところで、瀬音は高くさやいでいる。対岸の峻険な断崖は、灰白色の岩肌が歯噛《はがみ》をしているような強い忍耐《きつ》を泛《うか》べ、そこからさしのべた紅葉の枝々も、早くから日影に入って暗鬱な色をしているが、はるか見上げる頂の木立の空だけが、光りかがやく夕雲の乱れを覗《のぞ》かせている（二十四章）。

私は三島文学の熱狂的なファンではない。しかも「文学上の謎」、「思想上の謎」と言われる「三島の死」について全く関心はない。だが、三島のストーリーの展開、ロケーションとシチュエーションの設定、とくに情景の観察と描写には大いに感服した。

真杉海堂は塾生に神道で言う柔和な和魂《にぎみたま》を招き入れることを奨励した。猛々しい荒魂《あらみたま》を持つ飯沼勲は、村田銃を片手に丹沢の山野を徘徊し、足もとから飛び翔つ雉子《きじ》を射止めた。三島は勲が抱き上げた雉子の様子を克明に記述している。その後の勲の行動、経済界要人の蔵原の「暗殺」と自らの「割腹自殺」の終末（『奔馬』結末の四十章）を予感させるかのように、射止めた雉子の弾痕の傷口に指を入れて感情移入し、それが「果たして殺すことの感覚なのか、それとも自分が死ぬことの感覚なのか」と問い、判断に迷ったと記述している（二十三章）。

その翌日の夕刻、一日の課業を終えた勲は昭和神風連の同志とともに、すでに触れた桂川の川原で車座となって、帝都の治安を攪乱し、戒厳令を施行し、維新政府の樹立を促すクーデター計画と、その決行の日時を綿密に謀議した。

三島は勲に託して、事件決行後に「どこかに自分を待っている清浄な切腹の座があるかのように夢みて」、死に場所を空想する。

『奔馬』創作ノートから

私の最大の関心事は、誰が三島に何の変哲もない山狭村の梁川を伝えたのか、三島がこの地に取材に来たとき、誰が案内したのか、ということである。

『決定版　三島由紀夫全集』第四十二巻（二〇〇五年、新潮社）の「年譜」によれば、三島は『豊饒の海』のために奈良の率川《いさがわ》神社と大神《おおみわ》神社、熊本では神風連関連の書籍を購入し、『奔馬』執筆のため昭和四十一年十一月八日（火）、山梨県東部の梁川を取材」して執筆を開始した。

さらに『決定版』第十四巻（二〇〇二年）には「『奔馬』創作ノート（三冊目より）」が収録されている。三島は晩秋の桂川の渓谷、梁川の里山や田畑、樹木の情景を克明にメモしている。三島は梁川の立野から眺望した「山の図」をスケッチしたが、おそらく不鮮明のため割愛されている。ただ「丹沢、鉄橋、甲州街道、御前山《ごぜんやま》」その他の地名が記入されている。

さらに唐突に「警察庁次長、警備局長」という職名が注記されている。週日に二人の警察庁高官が、三島の取材に同行したとは考えられない。私は三島を案内したのは、おそらく現地に精通した非番の警察関係者ではないかと推定する。

三島は『奔馬』で雉子の姿態を詳細に記述している。「創作ノート」には詳しく猟銃の値段や許可書や猟期、さらに山鳥とともに、雉子の習性や姿態が精細にメモされている。三島の取材に協力したのは、警察関係者の一人が紹介した知り合いの老練の猟師であろう。

警察流剣道の結末

三島と警察官との接点はおそらく剣道であろう。原稿の締切に胃痙攣に悩まされる肉体的に非力な三島は、三十代になって自宅でボディビルの練習を始めた。その後、ジムに通って、文筆のかたわら本格的に「肉体の改造」に取り組んだ。さらに中央公論社長で剣道の達人の嶋中鵬二の紹介で第一生命本社の地下剣道場で剣道を始めた。三島は最初は「ドタバタ、シャモの喧嘩のような剣道」と述懐している。

その後、三島は東調布警察署の剣道助教の吉川正実七段に教えを乞い、毎週土曜日の「少年剣道」で「不器用な稽古」に励み、自決するまで剣道五段に昇段した。三島は「貞女は二夫に見《まみ》えず」と称し、吉川の転勤先の警察署の剣道場でも稽古に励んだ。吉川は、三島らの門下生に便宜を計り、毎週日曜日に碑文谷警察署、のちに京橋の警視庁広報センターの剣道場で指南を続けた。

三十代になって剣道を始めた三島は、文字通り「中年剣道、旦那剣道」だが、「好きを通り越して、剣道きちがいとして」修業に励んだ（三島由紀夫「わが警察流剣道」）。

ところが、三島が剣道五段（居合道初段）の腕前を存分に発揮したのが、あの「三島事件」だった。三島は自衛隊市ケ谷駐屯地の総監室で総監を不法監禁して自らの要求を貫徹するため、剣道の竹刀や素振りの木刀ではなく、真剣白刃の「関の孫六」で大立ち回りを演じ、自衛隊幹部八名に重軽傷を負わせた。その後、三島は正面バルコニーで天皇護持、憲法改正、自衛隊の決起のアジ演説をしたあと、割切自殺をした。

その時、私は広島にいた。理髪店で散髪をして貰っていたら、テレビで三島の演説が放映されていた。三島の演説はヘリコプターの騒音で聞き取ることはできず、その翌朝の新聞で三島の割腹自殺を知った。

「三島事件」への感懐

三島の行為にショックを受けなかったと言えば、嘘になる。ただ、私はその前年に上映された映画『人斬り』で三島の「乱闘シーン」と酷《むご》たらしい「切腹シーン」の迫真の演技にショックを受けた。切腹のため、三島の横腹には傷痕が残ったという。私はあの映画は「三島事件」の予行演習だったのかと、冷めた思いで事件を受けとめた。

三島は、自宅では日常的に酒をたしなむ習慣はなかったそうだが、文人や演劇人、そして剣道の稽古や親善試合のあとの親睦会で酒宴につき合うことは厭《いと》わなかった。警察署の剣道場の稽古のあとの酒宴で、三島は「ここは警察署の中だから、未成年者でも、つかまることもなかろう」と言って、高校生剣士にビールをつぎ廻ったというエピソードが伝えられている。

三島は『奔馬』でクーデター計画を謀議する格好な舞台を物色していた頃、警察関係者のルートで辺鄙な梁川の情報を得たのであろうか。私は東京でのいわゆる「雨読」の生活でこのエッセーを書いた。梁川の「晴耕」の生活は「猫の手も借りたい」ほど畑仕事に忙殺され、この地での聞き取り調査をしないことにしている。

梁川の住民は、『奔馬』で描かれた当地の晩秋の風景はあまりにも日常的であって、その絶景の醍醐味を三島のように文学的な表現に思い至ることもなかろう。晩秋といわず、四季折々の山村の光景を堪能することが出来た。それは、晴耕雨読の醍醐味というものであろう。

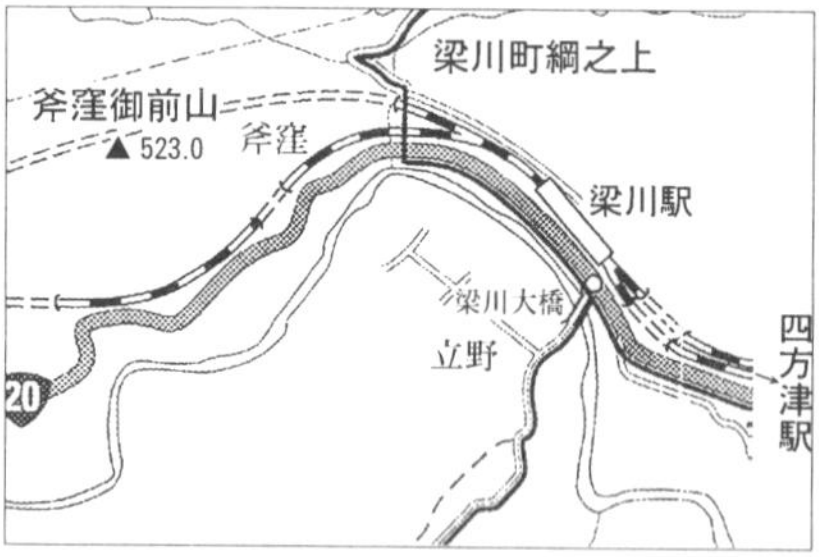

現在の梁川町立野付近

桂川の渓谷（梁川）

市民農園と里山

第一部　農の史的点描

第一章　徳冨健次郎著『みみずのたはこと』を読む（岩波文庫、一九三八年）

都落ちと村入り

徳冨蘆花（本名：健次郎、一八六九―一九二七）は、聖地パレスチナへ「順礼の旅」に出かけ、文豪トルストイが住むヤスナヤ・ポリャーナの広大な荘園に立ち寄り、別れ際にトルストイから「君は農業で生活してみないか」と言われた。トルストイの平和主義と農本主義に共鳴するかぞえ年四十歳、「不惑」の歳を迎えた蘆花は「家を有つなら草葺《くさぶき》の家、而して一反でも可《いい》、己が自由になる土を有ちたい」と熱望し、玉川上水に近い千歳村へ家と土地を探しに出かけた。

一九〇七（明治四〇）年二月、蘆花は純農村の東京府北多摩郡千歳村粕谷（現、東京都世田谷区粕谷一丁目）に一反五畝余りの土地と十五坪の茅葺きのあばら家を買い取り、東京市赤坂区青山から引っ越した。千歳村粕谷は赤坂から直線で西へ十二キロの距離にある。当時、粕谷は多摩の武蔵野からすると、はるかに「武蔵野の場末」だった。

蘆花一行三人は電車で新宿まで来て、調布行きの乗合馬車に乗り、甲州街道を一時間ほどがたごと走り、上高井戸の山谷で降り、二キロほど歩いて粕谷の「あばら家」に到着した。日暮れになって、書物や植木を満載した四台の荷車も到着した。その夜、粗末な「あばら家」の主《ぬし》になった蘆花は「正に帝王の気もちで、楽々と足踏み伸ばし寝た」（「都落ち」）。

引越の翌日、蘆花は半紙と干物を持って近所に挨拶に廻った。村の年中行事の稲荷講の当日（三月一日）、蘆花は紋付き羽織に着替えて、正式に村（粕谷二十六軒の部落《ムラ》）に仲間入りをした。蘆花は粕谷部落に同化するため、あらゆる集会に出席し、葬式では率先して「諸行無常」の旗持ちをする一方、キリスト教会の日曜礼拝にも出て、牧師の説教を拝聴した。その間、蘆花は原籍地の肥後から戸籍を移し、天下晴れて「千歳村字粕谷の忠良なる平民となった」（「村入」）。

「美的百姓」

早速、蘆花は種々の農機具、大量の種子と苗と苗木を買い込み、施肥用の糞尿の入った肥樽を担ぎ、井戸を掘って飲料水や風呂水を確保し、畑の草取りに熱心に励んで、得意気になって晴耕雨読の生活を開始した。さらに「あばら家」を改築し、物置、女中部屋、薪小屋、浴室などを増築した。千歳村に移住して一年間は、馬車馬が走るように過ぎ、「生年四十にして初めて大地に脚を立てて人間の生活をなし始めた」（「憶出のかずかず」）が、それは一年間の空《から》騒《さわ》ぎに終わった。

流行作家の蘆花は一大ベストセラーの『不如帰』を始め、『自然と人生』、『順礼紀行』、『宿世木』などの印税収入をもとに「あばら家」を改築した他、梅花書屋（表書院）、秋水書院（奥書院―幸徳秋水を悼んで命名）を建築し、村人からは「粕谷御殿」とはやされた。蘆花はのちに台湾南端の恒春の地名に因み、「恒に若い」という意味を込めて、耕地二千坪、最終的には四千坪まで買い増し、自らの屋敷と土地を「恒春園」と命名した。

蘆花は千蔵村に移住した当初は、「農に生きる」、「土に執着」し、「土の上に生れ、土の生むものを食うて生き、而して死んで土になる」と決意した（「農」）。蘆花は「土に働く」と同時に、田園生活を観察し、記録に残した。千歳村に移住して二年目に馴染みの出版社から田園生活についての原稿を依頼された。その四年後、蘆花は「見たこと、聞いたこと、感じたこと」を軽妙洒脱に描いた短文集『みみずのたはこと』（初版、一九一三［大正二］年）を出版した。はからずも、本書は江戸期に開墾された武蔵野の慣習と田園の「原風景」が記述されている。

蘆花自身の新刊予告の宣伝文によれば、『みみずのたはこと』は「過る六年間田舎に引込み、みゝづの真似をして、土ほじくりする間に、折にふれて吐き出したるたわ言共をかき集めたるものなり。其内容には村落生活の即興写生あり鍬をとるひまの偶感偶想あり、短編小説見たようなものもあり、日記の断片あり、長短の手紙あり、稀に村より這い出してのろのろと旅しまわりたる紀行あり」と言う。「新刊」の「まえがき」か、あるいは「あとがき」であろうか、「清新なる田園の小景、涙を含む笑に満てる物語、平淡の中戦慄す可き恐ろしき説話、詩化せられたる教訓、有象より無象に通う神秘の暗示、巻中に充満す」と自ら本書の内容を紹介している。

蘆花は粕谷に移住した当初は、自ら肥樽を担ぎ、土作りと草むしりに励んだが、のちに生活のための百姓ではなく、あくまでも趣味の百姓、趣味のために生活する百姓、百姓の物真似の生活だと自覚し、「美的百姓」と自嘲した。ちなみに、三升の蕎麦を蒔いて、二升の蕎麦を収穫したり、収穫した大根は二股三股はまだしも、正月の注連飾《しめかざり》の様に螺旋状にひねくれている（「美的百姓」）。

村人総出の麦刈りで賑やかな初夏の麦秋期、「美的百姓」の蘆花は村人には肩身が狭く、煩悶やるかたなく「麦愁」という思いを深め、「さっぱりと身を捨てて真実の農にはなれず。さりとて思うように書けもせず。……中途半端な我儘《わがまま》生活をする罰《ばち》だ」と、一層の寂寥感を抱くようになった（「麦愁」）。

東京が日々攻め寄せる

蘆花はしばらく農作業に励んだが、真正の百姓生活に徹し切れず、また移住して六年になっても「村の者になり切れぬ」が、ますます田園生活に愛着を感じるようになった。ところが、純農村の千歳村は都市近郊農村として白菜、甘藷、園芸物などを供給する「都会付属の疎菜村」に急速に変化した。

さらに京王電鉄の笹塚—調布間の開業を見越して、沿線の千歳村にも洋服、白足袋の土地ブローカーが徘徊するようになって、坪四十銭位だった周辺の地価は六年間で五倍に高騰した。蘆花はこの千歳村にも「東京が日々攻め寄せる」と嘆いた。この農村も工業化し都市化の波が押し寄せ、村人の生活はかえって多忙になった（「故人に」）。

蘆花の『みみずのたはこと』は百〇七版を出版されたほど、一大ロングセラーとなった。ところが、一九二三（大正十二）年九月、関東大震災の大火で同書の紙型が焼失した。そこで蘆花は出版社の勧めで、「読者に」の一文を新たに加え、復活改版を出版した。のちに定本『みみずのたはこと』は岩波文庫の一書として出版された（一九三八年）。

蘆花が移住して十七年間、千歳村は大いに変化した。京王電鉄は新宿から府中まで開通し、沿線の千歳村にも「東京が文化が大股に歩いて来た」。巣鴨の精神病院も近くの松沢に移転し、近くの烏山には簡便な新形式の文化住宅が新築された（「読者に」）。

蘆花は『みみずのたはこと』初版を出版後、一年ほど夫妻で世界周遊旅行に出たため、広大な農地は野兎の巣になるほどの耕作放棄地になった。ところが、帰国した蘆花は粕谷に移住した当時とは異なり、ペンに多忙で、滅多に鍬を取らなくなった。「農に生きる」という当初の熱意は完全に消えた。

関東大震災の経験

千歳村で関東大震災に遭遇した蘆花は、その惨状と心情を、「九月一日、二日、三日と三宵《しょう》に渉り、庭の大椎を黒く染めぬいて、東に東京、南に横浜、真赤に天を焦す猛火の焔《ほのお》は私共の心魂を悸《おのの》かせました。頻繁な余震も頭を狂わせます。来る人、来る人の伝うる東京横浜の惨状も累進的に私共の心を傷めます」と記録している（「読者に」）。

関東大震災で「朝鮮人暴動」の流言が広まり、千歳村でも自警団が組織され、騒々しく警鐘が打ち鳴らされた。蘆花は近村で「労働に行く途中の鮮人を三名殺されてしまいました。済まぬ事恥かしい事です」と悔んでいる。

蘆花は、焼け出されて甲州街道を続々と「都落ち」する数多くの避難民を見て、「田舎が勝ち誇る時が来ました。何と云うても人間は食うて生きる動物です。生きものに食物程大切なものはありません。食物をつくる人は、まさかの時にびくともしない強味があります」と断言している。とはいえ、蘆花は壮大な耕地の所有者だが、耕作を放棄し、ペンの仕事に集中した。だから、蘆花は震災被災者と同じく、急増した家族・同居人五人の日々の糧食、とくに米麦の確保にしばらく苦労した。

中途半端な晴耕雨読の生活から

私は退職を契機に、山梨の妻の実家の二百坪の畑で野菜作りを始めた。東京の自宅では「雨読」ではないが、本読みと物書きの生活を続けている。「晴れ」の日を選んで、週一回、農繁期は一泊二日、農閑期は日帰りの中途半端な生活である。「だめもと」で始めた素人の野菜作りは失敗の連続だったが、畑に野菜作りのテキストを持ち込み、小椅子に座ってテキストを見ている姿は、村人にはさぞや奇妙な光景と映ったであろう。

私が蘆花の『みみずのたはこと』で最も興味を覚えたのは、「村の一年」と題する一編である。千歳村に移住して六年、村人とその生活、正月から始まる種々の年中行事、とくに一年間の歳時記は私の野菜の作付けなどの作業計画の作成と実施に大いに参考になっただけではなく、蘆花の四季おりおりの大自然の観察、蚕や害虫、さらに花卉・雑草などの動植物の描写に甚《いた》く感銘した。

本書を読んで、野良仕事は土作りと草取りだと体験的に理解した。蘆花は農夫が空の肥桶を荷車に載せ、数百台の荷車が甲州街道を行列をなして、四谷、赤坂あたりまで「不浄取り」に出掛けると書いている。持ち帰った糞尿に藁・落葉などの堆肥と混ぜて、肥溜めで腐熟させた下肥《しもごえ》を肥料として使用した。土作りには下肥は不可欠な肥料であった。

ところが、「不浄取り」は、蘆花が心配したように、「東京界隈の農家が申し合せて一切下肥を汲まぬとなったら、東京は如何様《どんな》に困るだろう」（「不浄」）。

草取りも苦労の連続である。蘆花は「美的百姓でも、夏秋は烈しく草に攻められる。……やっと奇麗になったかと思うと、最早一方（の畑）では生えてくる」と嘆息した。たしかに耕耘機や農用トラクターの使用によって草取りは随分楽になったが、私は週一回の作業では雑草は取り切れない。雑草をそのまま土に埋めたり、燃やして灰にして肥料にすることで「馴付けた敵は、味方である」という処理方法がある（「草とり」）。残念ながら、私は「敵を味方にする」ところまで徹底出来ないでいる。

野菜作りを趣味と健康のために始めた。ジャガイモなどの収量は自家消費量をはるかに超える。そこで、時候の挨拶代わりに収穫した旬の野菜を親戚・知人に郵送し、自宅の近隣には近所迷惑を承知して配った。「うまかった」という感想を聞くと、ますます野菜作りに挑戦する勇気が湧いてくる。

近くの年金暮らしの村人は出荷のためではなく、自家消費のために野菜を作る。だから、短時間に土作りと草取りを終え、季節と時期を見て、種子を蒔き、苗を植える。なかには道楽として夏は鮎とやまめの渓流釣り、冬は山で猪や鹿を追い回す鉄砲打ち、彼らの余裕綽綽「おいしい生活」はうらやましい。それに引き替え、私は週一回の野良仕事のため、太陽が沈み、夕闇が迫るころまで畑にいる。野菜を入れた重い竹籠を背負って帰路に就く。疲労困憊して、腰と足に痛みを感じながら、暗闇の農道をとぼとぼと歩く己が姿は、老いた私の現在を象徴していると思われてならない。

「故人に」

最後に、短文集『みみずのたはこと』の冒頭に収録されている「故人に」に触れたい。蘆花は短文集の原稿がほぼ完成すると、その冒頭に掲載するため、粕谷に定住した六年を回顧して執筆したのであろう。蘆花は「君が初めて来た頃の彼《あの》あばら家とは雲泥の相違だ。……兎に角著しく変った」と書いている。蘆花が千歳村に「都落ち」した後、遠路はるばる蘆花の「あばら家」を訪問した来客は少なくなかったが、そのなかで「故人」となった一人が詩人・小説家の国木田独歩その人である。

私はあらためて独歩の代表作『武蔵野』（一八九七年）を読んでみた。独歩はツルゲーネフの『あいびき』、とくにロシアの樺の森の描写に感銘した。当時、渋谷村在住の独歩は、郊外の武蔵野を散策して楢の落葉林や田畑、その周囲の小径、小川を絶賛した。独歩が描写した長閑《のどか》な武蔵野は、離村して都心に住む青年達の自然への憧憬と郷愁の念を喚起し、大いに「武蔵野趣味」を満喫させたことであろう。

武蔵野に限らず、雑木林は農村生活では必要不可欠だった。枯木や木材は薪炭として販売し、日用の煮炊きや風呂焚《た》き、冬期の暖房用の薪に使用され、雑木林の落ち葉は発酵・腐熟させて、蔬菜栽培の肥料とした。

近くの広大な都立公園のベンチに座り、独歩の『武蔵野』を取り出し、数節を読んだ。そこでたしかに、私は独歩の優れた自然描写に感銘したが、武蔵野の散策者である独歩のスノビスムとも言える観察態度にたいして、生活者の視点が決定的に欠落していると思う。それは、「美的百姓」と自嘲する蘆花の生活・観察態度とも全く異なり、この上なく違和感を覚えたものである。

文献

□徳冨健次郎作『みみずのたはこと』上・下二巻（岩波文庫）
□蘆花の評伝は中野好夫著『蘆花徳冨健次郎』（『中野好夫集』九・十・十一巻、筑摩書房）に詳しい。
□国木田独歩著『武蔵野』（新潮文庫）

武蔵野の原像　恒春園南面農道
出典：『みみずのたはこと』

鍬を取って野良仕事をする徳冨健次郎
出典：『みみずのたはこと』

第二章　山川菊栄著『わが住む村』を読む

（岩波文庫、一九八三年、初版、一九四三年）

「母性保護論争」をめぐって

山川菊栄（旧姓森田、一時青山姓、一八九〇年―一九八〇年）は女子英学塾（現、津田塾大）を卒業し、社会主義の立場に立つ、大正・昭和期に活躍した女性解放思想家・運動家である。一九二〇年、夫の山川均が日本社会主義同盟の結成に加わり、菊栄は窮乏・無知・隷属からの女性解放を目指し、日本最初の社会主義的な女性団体「赤瀾会」の結成に加わった。同会は社会主義の宣伝普及、女性の地位向上のために活動をした。ところが、官憲の弾圧や会員の大量の検挙と意見の相違からその翌年に解消し、「八日会」に改組された。

大正デモクラシーの上昇期に行われた与謝野晶子と平塚らいてうの「母性保護論争」（一九一六年―一八年）は、フェミニズムをめぐる日本で最初の論争であって、スウェーデンの女性解放論者エレン・ケイが主張した「母性保護」にたいして、女性の生き方と社会の関係、母親としての女性、働く女性の権利に関する白熱した議論である。

与謝野はケイの「母性偏重」を批判し、経済的・精神的に自立していない女性には、子どもを生む資格がないと主張した。それにたいして平塚は女性が子を産み、母になることは社会的存在になるために必要なことだと反論し、ケイの主張を擁護して母親にたいする国家の福祉政策を要求した。

山川菊栄は、この論争にたいして与謝野の主張を「旧来の女権運動」、平塚を「新興の女権運動」と位置づけ、両者がそれぞれ強調した「婦人の経済的独立」と「母性の保護」を認めた。しかし菊栄はそれが希望通りに実現しても、「婦人問題の根本的解決ではなく、婦人を絶対的に現在の暴虐から救う道はないと考える点において、お二人の意見を異にするものである」として、社会主義の立場から異論を提起し、「いまいっそう研究的な批評的な立場からこれに対せられ、より高き、より徹底せる結論に達せられんことを希望する」と結んだ（「母性保護と経済的独立」、一九一八年）。

このように、山川菊栄は母権と女性労働という二項対立的な「母性保護論争」で両者の論点を整理し、鋭い論峰でそれらを克服する方策を明示した。そのため、論壇では女性評論家としての地位を確保し、相次いで雑誌・新聞に寄稿し、「女の立場から」評論・時評を精力的に展開した。しかも無産階級（労働者階級）の女性運動の理論家として華々しく活躍した。それを可能にした背景は、国内外における社会運動の高揚である。海外におけるロシア十月革命によるソヴィエト政権の樹立（一九一七年）、国内では全国各地に起こった米騒動と大正デモクラシーの高揚である。

山川均とともに生活と思想をまもる

山川均（一八八〇年―一九五八年）は「無産階級運動の方向転換」（一九二二年）を発表し、社会運動に影響を与え、「山川イズム」として一世を風靡した。その後、福本和夫は「山川氏の方向転換の転換より始めざるべからず」（一九二五年）と批判を開始し、「山川イズム」は攻撃され、一時苦境に立たされた。その後の「日本資本主義論争」では日本の正統派マルクス主義の「講座派」に対抗して、雑誌『労農』を発刊し、その論客の一人として活躍し、一貫して「日本の非共産党マルクス主義者」（小山弘健・岸本英太郎）の道を歩んだ。

山川均はその理論と実践活動によって、たびたび検挙・入獄させられた。獄中ではフランス語など外国語を勉強し、社会主義運動のあり方について反省に反省を重ねた。山川均は評論活動・実践活動のほか、自重して小規模な商業や農畜産業を経営し、自立的な生活を志向したことがある。山川均は、明治社会主義の「冬の時代」に義兄の林薬店の岡山支店を任されたり（一九〇四年―〇六年）、大逆事件で処刑された幸徳秋水に連座した（懲役二年）が、出獄して岡山県宇野築港で山川薬店を開業した（一九一〇年―一五年）。さらに鹿児島市内で山羊牧場を経営したが、経営はゆきづまった。そこで、社会主義者の堺利彦に請われ、八年ぶりに上京し、『新社会』の編集に参加した。

戦後、菊栄の回想によれば、夫は「原稿を生活の手段としたくない、という望みでしたが、無資本で、病床でできる仕事はむつかしいので、不本意ながら原稿を書いて来たわけですから、それがむつかしくなったこの際、ほかに生業を求めようと思い立ちました」（山川菊栄著『おんな二代の記』、初版一九五六年）。

一九二六年初頭、山川夫妻は（息子・振作、菊栄の母・千世とともに）生活と思想をまもるため、鎌倉材木座（のちに稲村ヶ崎）の住宅地に転居し、ガラス窓のモダンな「文化住宅」を新築し、うずらの飼育を工夫した。三十六年、皇道派青年将校が配下の陸軍部隊を率いてクーデターを起こした二・二六事件後の春、山川夫妻は農村の鎌倉郡村岡村弥勒寺（現、藤沢市）の農地を借り、住宅と本格的なうずら飼育場三棟を新築し、湘南うずら園の看板を掲げた。

盧溝橋事件を契機に日中全面戦争に突入し、南京占領の直後、治安維持法違反で山川均をはじめ、合法左翼の労農派など四百余名が一斉に検挙され、労農派系の政党や労働組合は結社禁止となった（第一次人民戦線事件、一九三七年）。その後、均は執筆停止となった。

「鳥屋の女房」

菊栄は検挙を免れたが、病弱のために文筆によって生活する他に生る道はなかった。第一次人民戦線事件以前から月刊誌『婦人公論』に「女性月評」と題してコラムを担当し、さらに『読売新聞』に「女の立場から」、「月曜婦人寸評」などと題して実名（のちに匿名）で月数回のコラムを担当した。

とくに、菊栄は一九三七年一月に創刊された女性月刊誌『新女苑』に「婦人の問題」と題して、常連の寄稿者となり（一九三九年九月から四〇年一一月まで連載）、それが機縁で日本民俗学の創始・組織者の柳田國男と「主婦の歴史」をテーマに対談した。菊栄は柳田が監修した『女性叢書』のシリーズとして『武家の女性』（一九四三年）とともに、これから検討する『わが住む村』（一九四三年）を出版した。

均はうずら一羽ごとに産卵率をカードに記録・整理し、湘南うずら園を合理的に経営しようとした。ところが、均が検挙・入獄したため、均に代わり、菊栄は「鳥屋の女房」となり、うずらの卵を三越デパート内の料理屋に一円定食の食材として格安の値段で、毎日三百個を契約・販売した。それでも、およそ採算にあわない経営だったと言う。

菊栄は掛け取りの苦労、暴風雨の被害、飼料の入手難などによって、うずらの飼育を「私ひとりでやれる程度」に縮小した。うずらの飼料用の葉っぱの空き地に里芋、ジャガ芋、ごぼう、にんじんを作った。のちに、当時の野菜作りについて、「生まれてはじめて生きがいを感じたほど幸福でした」と回想している（山川菊栄著『おんな二代の記』）。

柳田國男の勧誘と支援

民俗学の創始者の柳田國男は、たとえば、「山川テーゼ」を痛烈に批判した「福本テーゼ」の信奉者の一人で、後期東京帝大新人会出身で転向左翼の大間知篤三（一九〇〇―一九七〇）にたいして門戸を開いた。柳田は転向によって生じた傷を癒す、いわば「鹿の湯」として民俗学の研究を奨励した。大間知は柳田のもとで民俗学を研究し、足入れ婚や隠居分家の民俗を社会構造的に解明し、のちに柳田民俗学の方法論を批判した。

柳田は戦時下に銃後を支える女性にたいして自覚を促し、生活革新の領域にたえず疑問をもち、ただ世間体に同調せず、女性の過去と現在、将来の行く方を見すえ、新生面を開拓しようと構想する「女性史学」の発展を切実に期待した。

柳田は山川菊栄に村岡村の民俗の研究と執筆を勧めた。菊栄はこの村に定住して七年目、そして柳田に勧誘されて三年目に『わが住む村』（岩波文庫、一九四三年）を出版した。菊栄はその出版について「情報局の出版許可を得ることが容易でなく、（柳田國男先生は）なんども足を運んで下さったそうです。（その印税収入の）おかげでちょっと息をつきました」と回想している（『おんな二代の記』括弧内、引用者）。

言論・思想の統制の中枢である内閣情報局は、札付きの女性社会主義者の菊栄の著書にたいしてなかなか出版を許可しなかったのであろう。そこで貴族院書記官長を歴任した柳田は情報局に出向き、出版の許可を得たのであろう。それ以外に、菊栄が出版した著作は出版社が倒産したため印税収入を得られなかったり、発禁処分となった。菊栄の二冊の著作『武家の女性』と『わが住む村』は柳田の奔走で出版することが出来、しかも印税収入を得ることができ、経済的にも追いつめられた生活から一息つくことが出来たのであろう。

幕末・維新の藤沢宿周辺

戦時下の情報局の検閲を意識し、巧妙にレトリックを駆使して執筆された体制批判の評論や時評とは異なり、菊栄の『わが住む村』は、村岡村とその周辺の体験と観察、村人からの聞き書きと自ら収集した資料をもとに、平明かつ格調高い文体で歴史と民俗が著述されている。その観察や記述の基本的な視点はあくまでも女性社会主義者のそれである。

江戸幕末から明治維新の東海道藤沢宿で住所不定の駕籠かきや荷運びの「雲助」、大名行列や幕府の役人の輸送に近在の農村から人馬を徴発する「助郷」・「加助郷」という幕府の制度が農民の多忙な畑仕事を犠牲にして、多大な負担を課したと記述している。

幕末のペリー艦隊の黒船来航は、江戸幕府開闢以来の大事件で、藤沢宿では幕府の役人、早馬、飛脚の往来が急増し、農民は助郷に駆り出され、畑仕事に大いに支障となった。右往左往する幕藩体制の支配者とは異なり、菊栄は「そのころの百姓といえばまるで深海に棲む魚のようなもので、どんな激しい嵐が海の上をさわがせていようとも、海の底のように静かな野良にいて、ただ米を作り、年貢を納めるという日々の営みに追われていました」（三九頁）と記述している。

村岡村の今と昔

菊栄は古代の相模の国（神奈川県の旧称）まで時代を遡及し、日本武尊《やまとたけるのみこと》が東征の途次、浦賀水道の走水《はしりみず》の海で、その后《きさき》の弟橘比売命《おとたちばなひめのみこと》が海神の怒りをしずめようと自ら入水した時、

さねさし相模《さがむ》の小野に燃ゆる火の
火中《ほなか》に立ちて問ひし君はも

（「さねさし」とは相模にかかる枕詞、『古事記・中』）

菊栄は、野原に燃えさかる炎のなかで、安否を尋ねた夫への別れの歌の地こそ、旧奥州街道から三浦半島への岐路の村岡村付近と推定し、「この辺りの土を尊《みこと》の力強い足と橘媛《たちばなひめ》の軽く弾力の足もとにふれた」と想定し（四四頁）、さらに橘媛は「上代女性の伸び伸びと、雄々しく健やかな姿を代表したもの」と記述している。

菊栄が住む村岡郷の草分けは桓武平氏の祖高望王の子の平良文《たいらのよしぶみ》で、村岡五郎と名乗った。良文の一族は関東地方一体に根を張った。西日本の旧勢力を圧倒し、東日本の武家の独立政権の鎌倉幕府は、関東地方の諸豪族の連合政府で、頼朝はその盟主だった。

菊栄は平安朝の脆弱な姫君たちと比較して、北条政子（源頼朝の妻）や松下禅尼（北条時氏の妻）に代表される関東武士の娘たちは、夫の没後、「指導的地位にある主婦としての伝統と訓練をもった」（五〇頁）と評価した。このよう

に、菊栄は相模の民俗誌の記述に際し、あくまでも「女の立場」を重視したのである。

産業化と都市化の進展

菊栄はアジア・太平洋戦争の末期を意識して、江戸の幕藩体制下の村岡村とその周辺の村々の「武士と百姓」の兵農分離、村岡村の七つの部落の「鎮守さまと氏子」「行事と五人組」で歴史と民俗に言及した。

ところが、この村もまた産業化と都市化の影響を受け「年頃になると娘も青年も都会へ働きに出たり、帰らぬ者が多く、山から畑から若い元気のいい笑い声や、唄声が消えてゆきました。残った人々の中でも鍬を捨て鞄をさげ、毎日勤めに出る者がふえてゆきました。時局は殊にこの勢いに拍車をかけて、今や土着戸数の二割未満が専業農家に留まり、他はみな兼業で、百姓は年寄と女の内職のようになりました」（八五頁）と記述している。

しかも戦時期、若者や壮年者が出兵したり、国民徴用令により軍需産業に動員された結果、百姓仕事は年寄が担当した。戦後の高度成長期には農家の兼業化が進行し、じいちゃんとばあちゃん、かあちゃんの「三チャン農業」が出現したが、この村岡村ではすでに戦時期に東海道本線に沿って工場が立地し、農業経営が加速的に変容し、さらに村の年中行事、冠婚葬祭などの「純農村時代の生活」が急速に衰退した。

菊栄の村岡村とその周辺の歴史と民俗の考察は、一年の農作業を中心に、年中行事、衣食住、家族、冠婚葬祭、教育、信仰、娯楽、慰安など、あらゆる面に及んでいる。例えば、食生活では大地主は米を常食したが、その奉公人や小作人は粟、麦、芋類を主として、わずかに玄米を混ぜる「別飯《べつめし》」を主食とした。自作農もまた同じくようにそれを主食とした。それに囲炉裏に火に掛けた黒い鍋で宵に煮た大根と里芋の味噌汁と、大根や白菜の漬物を添えた。

大正後期、農家は米を主食にするようになったとはいえ、優良米は売りに出し、屑米を食べた。二月の初午（旧暦で最初の午の日）、春秋のお彼岸、五月の菖蒲の節句などの「お日待ち」は白米が食べられた（「粟飯、麦飯」）。ところが、食料不足の戦争末期には「お日待ち」は中止となった。このように、普段の仕事から解放された「晴れ」の年中行事も衰微した。

衣生活では、綿の栽培と刈り入れはともかく、糸を操り、機《はた》を織るのは娘、嫁、姑の仕事で、それを熟《こな》すことが「一人前の女の資格」だった。農繁期でも布を織り上げ、家族に正月のこざっぱりした春着を着せるために、夜鍋仕事をいとわなかった。日露戦争後、綿花が韓国、中国、インドから大量に輸入され、日本の紡績業が発展した。そのため村岡村でも綿畑や織機が消え、その後は狐も姿を消した（「綿畑と狐のゆくえ」）。

老女からの聞き書き―三代の娘―

すでに述べたように、本書は『女性叢書』の一書である。とくに山川菊栄は媼（老女）を相手に嫁や娘の時期の生活についてインタビューした。娘の時は下の子の子守をしたり、夕食の支度をしたり、畑仕事をして、「十七、八になれば女でも一人前の百姓」になった。十代で奉公に出て、言葉使い、行儀作法、裁縫などを仕込まれ、それが「嫁入の資格」となった。ところが、いざ結婚となれば、結納金や支度金が高騰し、さらに挙式・披露宴の資金不足のために、結婚難が憂慮された。

京浜地域の延長として湘南地域も工業化し、村岡村とその周辺の娘も雇われて離村し、農家の嫁不足が深刻化したが、近年になって多少緩和した。菊栄は、農家の娘が農家の嫁になることが望ましいことであり、都市生活者の妻になることは「歪《ゆが》みだ」と言う。

さらに「農業における女性の役割がこれほど大きいものである以上、その技術的進歩のためにも、農民生活の改善のためにも、智的水準の高い女性が進んで農家の主婦となることはきわめて重要であります」（一四一頁）と述べている。

農業や農村も技術と生活の面で大きく変容したが、たしかに農家の娘が農業に真剣に生きがいを見いだし、農家の嫁になることは望ましい。しかし農家の娘に職業選択の自由を否定することは、理解し難い。しかも農業に励み、骨の髄まで生きがいにしてきた農家の老媼や若媼、さらに嫁は農業の重要な担い手に違いない。とりわけ、戦時期、労働力不足のために壮年の農家のあるじは他所へ日稼《ひよう》取りに出て、野良仕事は老爺や女（老媼、嫁、娘）に委ねることになった。まさに戦後の高度経済成長期に「三チャン農業」と喧伝されたが、この村岡村ではすでに現実化していたのである。

戦時下の農村社会

一九三七年十月、日中戦争の拡大とともに企画院が立案・調整した物資動員計画、さらにその後の「国家総動員法」が制定された。これらの戦時法規は大幅な権限を白紙で政府に与え、この法律にもとづき勅令によって国民徴用令、生活必需物資統制令、価格等統制令などが施行された。戦局の悪化に伴い、軍需会社法の施行によって統制経済は軍需生産、兵器生産に急速に傾斜した。

戦時下の農村では、一九三八年四月に農地調整法が公布され、自作農創設と小作人の権利が保護されるようになり、さらに主要食糧の増産のために耕地整理とともに河川の改修が計画された。ところが、農村青年の出兵、軍需工場への徴用によって農家労働力が不足しただけではなく、家畜の飼料が人間の食料となった。そのため、家畜の飼料不足が深刻化し、穀類を飼料とする豚・鶏の肥育が困難となり、鶏卵などの価格が急上昇した。食糧管理法によって政府は米、麦、芋類などの主要食糧を対象に供出と配給、価格などを統制した。

山川菊栄の終章「戦時下の農村」は、都市近郊農村のインタビューの記録として詳細を極めている。しかし、言論・出版統制を意識しているためか、その記述に雑駁な印象を免れない。ただ、菊栄の女への観察と記述はさすがに驚嘆にあたいする。日中全面戦争が開始すると、青年は出陣となり、あるいは軍需工場に徴用された。それにもかかわらず、依然として農業生産力を維持することが出来たのは、老人夫婦と若い主婦の労働力だった。

ちなみに、「近くの村で二町五反歩ばかり作っている自作農では非常な働き者の息子が応召となり、あとは老人夫婦と若い主婦だけとなったので、これからは半分にしなければなるまいといっていたそうです。ところが、……へらしたのは、たった五反歩だけで、あとの二町歩はもとの通りやっていたので驚いたといいます」と記述している。さらに「純農村の主婦はもとより、地主や勤め人の家の、女学校出の主婦や娘も、鍬を持てば重い車も曳き、内外を駆けずり廻るようにして必死の働きをつづけています」と記述している（一九〇―九一頁）。

山川菊栄は戦時下で「もし日本の農業から女子労働をひきぬいたならば、農業は全く立ちゆかず、国民はたちまち餓えに脅かされることでしょう。いま私たちの口にはいる米も麦も野菜も、筒袖の破れ布子にはだしで鍬を振るい、重い車を曳く、あの多くは文字をも知らぬお婆さんや、いろいろの持病をおしている中年のおばあさんたちの手で作られたといっても過言ではない」と記述している（一九四頁）。このように、菊栄は柳田國男が提唱した「常民」、とくにその女性を観察し、自ら居住する藤沢市（旧村岡村）の優れた民俗誌を叙述したのである。だが、菊栄が書いた藤沢市の民俗は優良な住宅地となり、「今は昔」になった。

（二〇一一年十二月末　擱筆）

追　記

戦後の高度成長期、農家の主要な働き手の父《とう》ちゃんは出稼ぎやサラリーマン化し、爺《じい》ちゃん・婆《ばあ》ちゃん・母《かあ》ちゃんに支えられた「三ちゃん農業」と言われた。戦時下、この地は「三ちゃん農業」だった。

今、私が野菜作りに通う山梨県東部の山狭村では、年金生活の自給農家で、畑には婆ちゃんや嫁さんを見かけず、爺ちゃんだけがせっせと野良仕事に励む「一ちゃん」農業である。もっとも「生業《なりわい》」としての農業ではない。

もっとも、老夫婦で暮らし、爺ちゃんに先立たれた農家の場合、婆ちゃんがせっせと野良仕事に励む光景を見かける。このような場合、必要に迫られた「一ちゃん」農業と言えよう。畑で母ちゃんを見かけるのは、夕食の食材として菜っ葉を採りに来る場合であって、母ちゃんはかつてのように、もはや「三ちゃん農業」の一員ではない。若い母ちゃんはフルタイムか、パートタイムで働き、そのため畑仕事で土に親しみ、土と対話することはおよそない。

今の爺ちゃん・婆ちゃんは子どもの頃、父や母の野良仕事を手伝わされ、若い頃も時間と体力が許せば、畑に出た。今、子どもは「総合学習の時間」で学校菜園で嬉々としてさつま芋などを栽培しているが、爺ちゃんを畑で手伝っている光景は見かけたことはない。しかもその父親はサラリーマンとして勤め仕事に多忙で、畑は雑草が生い茂っている。工業化し、都市化した世界の農村では、奇妙な現象を見聞する。

文　献

□山川菊栄著『武家の女性』(岩波文庫、初版、一九四三年)
□山川菊栄著『おんな二代の記』(平凡社、一九七二年、初版、一九五六年)

第三章　有賀喜左衛門著「炉辺見聞《ろばたけんもん》」（一九四八―一九七一年）を読む

（『有賀喜左衛門著作集X巻』収録、未來社、一九七一年）

有賀喜左衛門（一八九七―一九七九年）は長野県上伊那郡朝日村（現・辰野町）平出に生まれた。父は庄屋・本陣をつとめた有賀本家六代目の大地主である。母は、明治三〇年に生まれた道夫が二歳時に逝去し、父は道夫が九歳時に逝去した。長男道夫は幼くして七代目喜左衛門を襲名し、跡目を相続した。少年喜左衛門が、大規模な土地を所有し、どのように農業経営をしたのか、その詳細は私には、門下生でもないので分からない。継母がいたという記録はあるが、そのこともまた分からない。一九〇九（明治四二）年、有賀は長野県立諏訪中学校（旧制、現在、諏訪青陵高等学校）に入学し、寄宿舎の生活を始めたが、実家の朝日村の平出とは密接な交渉があったであろう。

有賀は一九一五（大正四）年に仙台の第二高等学校一部乙類（独法科）に入学し、同校を卒業後、京都帝大法学部に入学した。経済学部の河上肇教授の講義に比較的熱心に出席したが、京都・奈良の寺社を見物し、一年次で退学した。その後、朝鮮美術に心酔した柳宗悦の影響を受け、東京帝大文学部（専攻・美術史）に入学した。主任教授から反対されたが、卒業論文「新羅の仏教美術―慶州石窟庵を中心として」を提出して卒業した（一九二二［大正一一］年）。朝鮮で遺跡や美術を見学し、朝鮮の民族性や庶民の生活を知ることなしに、本当の「美術」は理解出来ないのではないかと実感した。そのアイディアが日本の庶民の「生活」の実相、「生活意識」、さらに固有な「民族性」を探求しようとする契機となった。

大地主の有賀本家の六代目の父は「平出英数学会」（私塾）を開設するなど、開明的な在村地主であった。七代目の喜左衛門は京都・東京で勉学しながら、どのように郷里の朝日村平出で農業経営をしたのか、残念ながら、明らかではない。大正期、のちに叔父となる池上良三が神奈川県の逗子に土地を購入し、娘婿のために家屋を新築した。有賀はその近くに家を借り、のちに池上家の土地に新築して居住するようになった。有賀は長野県の平出の家屋は留守宅にして、耕地を小作人に貸したのであろう。典型的な「寄生地主」ではないが、明らかに「在村地主」でもない。地主として小作人と盆と暮れに小作料について相談し、その小作料を学資や生活費に充て、朝日村と逗子の二地域に居住し、自ら進むべき道を探索していたのであろう。

有賀は美術、音楽、文芸に関心をもち、文芸誌『創刊』や『白樺』に作品を盛んに発表した。その後、有賀は民俗学の提唱者となる柳田國男と接触するようになり、柳田を中心に民俗学・民族学の専門誌『民族』が創刊された（一九二四〔大正一三〕年）。有賀の回顧によれば、「田舎の研究に興味を持ち、生まれたムラ（平出部落）を中心に『炉辺《ろばた》見聞《けんもん》』という文章を『民族』というのに出してもらった。先生（柳田國男、注）から多少褒められたので、その頃数篇書いた」。さらに『民俗学』が創刊され（一九二七〔昭和二〕年）、引き続き「炉辺見聞」などのエッセーを発表した。

有賀は同誌に「民俗学の本願」を掲載し、一民俗学徒として民俗学の意義と目的に期待しながら、民俗学の方法論や研究態度を内在的に批判した。のちに、エッセー集「炉辺見聞」は『有賀喜左衛門著作集Ⅹ巻』（一九七一年）に収録された。さらに同年に出版された同著『Ⅺ巻』には、『Ⅹ巻』に未収録の「炉辺見聞」三篇（『民族』や『民俗学』に発表）が収録されている。

朝日村とその周辺の見聞記

大正末期から昭和初期にかけて、郷里「朝日村」では村人からブラブラしているように見られた有賀は、一民俗学徒として家々のイロリ（当地では「ひじろ」と言う）や座敷などの間取りを調べ、親類の仏間に収められている「不幸音信帳」を書き写し、また親方・子方の家々の関係など聞いて歩き、「炉辺見聞」と題して発表した。さらに、アジア・太平洋戦争末期に郷里に疎開し、戦後初期の食糧増産運動や農地改革など、自らの体験を書き加え、『著作集X巻』に収録する機会にエッセー集「炉辺見聞」が完結した（その「まえがき」によれば、擱筆（成稿）したのが、一九六八〔昭和四三〕年一月である）。

　有賀は「炉辺見聞」と題するエッセーでは「ヒジロ」を中心に炉辺や家の間取り、「ヨバイ」（若者文化と婚姻などの変遷）、「火」（火の玉、狐火、お盆の迎え火と送り火など）、「板屋根と屋根石」（板葺屋根とその上に置く屋根石、使用する板による榑《くれ》板葺や柿《コケラ》葺の屋根など）、「親分子分」（オヤ＝コ、親方＝子方の庇護と奉仕の主従関係）、「ウエーデンサマ」（本家分家の集団＝マキが共同祭祀する祠など）、「食べ物」などの記述は民俗学に関心があれば、たしかに興味深い記録に違いない。私が最初に興味をひくのは、有賀が「炉辺見聞」と題して発表した「方言」（『民俗学』一ノ四所収、昭和四年）についての考察である。

　有賀は「方言」の冒頭で「田舎から出て来た者には、都会での人との交際に使う言葉に一番不便を感じる」と指摘している。言うまでもなく、田舎から他所《よそ》、とくに東京に出ると、田舎で使い慣れた方言（お国言葉）が役に立たなくなり、自然とお国言葉を封じようと心掛ける。東京に生まれ、育った私は、朝日村出身の有賀とは出生や成育、さらにその時期ははるかに異なり、そのため、各地の方言や訛り、さらにその意味、音韻、語感についてもその感覚は異なる。

　すでに触れたように、有賀は柳田の民俗研究に大いに影響を受け、出身地の朝日村とその周辺で民俗調査を実施した。その一つが「方言」の調査である。有賀は長野県南安曇郡明誠《めいせい》村一日《ひと》市場付近（現、三郷《みさと》村）と山脈一つ隔たった同県上伊那郡朝日村平出《ひらいで》付近（現、辰野町）の二つの村で日常的に使用される、オレ、オマン、ジブンなどの「人称代名詞」を丹念に採集し、その意味の相違を明らかにしている。その結果、前者の村は江戸時代に村落上層の有力な長百姓が少なく、庄屋（名主）は特定の家の世襲であり、特権的色彩が濃厚であるのにたいして、後者の村は古く岡谷街道の宿場であり、長百姓も多く、名主、本陣などは交代で勤めていた関係で、有力な百姓の地位は相対的に低いと推定した。

有賀は「こうして二種の村を比較して見ると実に興味が深い。言葉を考えることはわれわれを言葉の背景である生活の中に導かずにはおかない」と指摘した（『著作集XI巻』二九四頁以下）。「言葉」は人間が意志・思想・感情などを表現する言語である。方言は使用される地域の相違に基づく同一言語の下位区分であり、しかも、その当時は日常的に地主、小作人、作男、余所者などという社会的身分、世代、性別などによって再区分されたのであろう。有賀は言葉や方言を主に二地域から採集し、比較検討するには、その背景にある「生活」、「生活意識」を考慮すべきだというのが、彼の基本的な方法論であろう。

柳田國男の「方言周圏論」への疑問

おそらく、有賀は農山村で方言を採集して、「言葉の原形や類同だけを探し求めて、…何がわかるのであろうか」、また「現行の方言が、ある古語の残存だと認める規準をどこに置くべきであろうか」という疑問を呈した。さらに方言は極めて複雑多様で、しかも非常に変化する。方言は狭い地域でも意味、音韻、語感に差異が観察される。方言の差異は、そこに住む人間の集団の中にあって、どんな集団（村）でもそれ特有の空気を持っている。だから、「方言はその地方色（村風）発現の一現象に過ぎないのであって、村の生活の歴史の進展と共に絶えず変わってきたと思われる」と推定した。

すでに触れたように、有賀は柳田の影響を受け、自らの郷里とその周辺の民俗を採集し、研究した。ところが、有賀自身は柳田の民俗学研究の方法論とは一定の距離を置いて、独自に民俗学の研究を志向した。すでに述べた「方言」の考察がまさにその一例にほかならない。周知のように、柳田は日本各地のかたつむりの方言を採集し、その分布を明らかにして『蝸牛考』（かぎゅうこう、一九三〇〔昭和五〕年）を刊行した。そこで提唱した方言研究の方法論が「方言周圏論」である。

本書はその三年前に『人類学雑誌』に連載した論文を書き改めて出版した。すでに、この学説にたいして多くの疑問が提出されているが、柳田の「方言周圏論」批判の嚆矢は、すでに述べたように、有賀が「炉辺見聞」と題して同人誌『民俗学』（一ノ四、一九二九〔昭和四〕年）などに発表した「人称代名詞」を事例にした考察であろう。

地主の疎開体験

戦争末期、逗子に住む有賀夫妻はB29の相次ぐ空襲で「袋の鼠」なったため、郷里「朝日村」の留守宅に疎開した。戦況がますます逼迫し、親類の人々や村人に「つて」（縁故）を求めて疎開して来たり、学童が集団疎開して寺に分宿するようになり、疎開者はますます増加した。だが、地元の人々と疎開してきた人々の関係は、相互に生活態度や生活意識が異なるだけではなく、食糧のこともあって、必ずしもしっくりいっていない。

有賀は「私の如き疎開者が真の敗残者であったのはいうまでもないが、戦火を直接に被らなかったムラの人々も、敗戦が正式に宣言される前に、すでに破れ去っていたということはよくわかる」と指摘した（『X巻』、三五〇頁）。私も母とすぐ上の兄と東京から秩父の山奥に疎開したことがある。「疎開」と言えば、今ではただ漠然と懐かしさがこみ上げてくるが、有賀の疎開の見聞記を読むと、その当時は村人と疎開者はそれぞれ相互に難儀したということである。

敗戦直前、朝日村で陸軍の指定工場が半地下工場を造る計画が浮上した。その当初は山林原野を使用するという説明があったが、実際は耕地に大規模な半地下工場を建設する計画だった。有賀が住む周辺地域は純農村で、しかも各戸は耕地の少ない過小農が圧倒的だった。この計画に表面きって反対する村人はいなかったが、有賀はその内容を知り、集会で毅然と反対論を展開し、村人の多くは有賀の主張に同調し、村当局や製作会社と再交渉することになった。有賀は図面を見ながら、地主や耕作者から激励されたり、懇願されたりして協議した。そこで、有賀は村人からはじめて「私は疎開以来衆望を担う」ことを自覚した。

土地の関係者から支援された有賀と、製作会社との交渉の結果、半地下工場の大部分は山林や原野に建設されるようになり、しかも土地の買い上げではなく、一年契約で借地料と離作料の前払いの賃貸借契約を締結し、その総額を受け取った。土地の関係地主と耕作者に所定の金額を渡した。当時としては相当に高額の借地料と離作料だったので、関係者はすべて満足したと言う。ところが、製作会社との交渉が長びき、わずかに土堀りの工事が実施されたが、終戦の詔勅が下って、工事は中止され、土地は元の地主と耕作者に返された。

食糧増産運動

戦争に負け、村人はみな意気消沈し、村は混乱状態に陥った。有賀は将来の食糧にたいする不安を感じ、食糧増産運動を思い立ったが、なかなか実現しなかった。しばらくして朝日村の村人に小学校で食糧増産の集会を提案し、集会に参加した村人によって「朝日同志会」が結成され、有賀は会長に推された。その直後、新選挙法による衆議院議員総選挙が実施され、有賀の義弟が「信濃教育会」の推挙により立候補し、長野県下の教員の協力もあって二位で当選した（昭和二一年四月、全県一区の大選挙区制）。

朝日同志会長の有賀は、数名の同志とともに「農談講」と命名し、食糧増産のために農事講習会を開催した（第一回農談会、昭和二一年五月、「炉辺見聞」によれば、以後三年間、二五回が記録されている）。戦後の食糧の不安を解消するため、トウモロコシ、甘藷、馬鈴薯などの栽培法の講習会や農事試験場の視察も行なわれた。しかも有賀の企画で

「文化運動」として渋沢敬三（東京）をはじめ、東畑精一（東京大学教授）、矢部貞治（東京、法学博士）を招いて講演会を開催した。

食糧増産運動では、北佐久郡の篤農家の黒沢浄が案出した独特の黒沢式稲作法とその実地指導が村人に大いに関心を集め、米作りの黒沢式農法（反収四石）を実施し、増産が期待された。この農法は朝日村を超えて長野県周辺一帯に広がる一方、農談講の中にグループ「瑞穂会」が結成された。有賀は「炉辺見聞」の末尾で、敗戦後の混乱の中で日本の農業を立ち直したのは、篤農家の努力であり、「黒沢浄翁のように歩いた人々の粒々辛苦の生き方にも心から打たれる」と述べている。

ところが、有賀は東京大学文学部の非常勤講師に招かれ、それを機会に朝日村の家を留守宅にして上京した（昭和二一年九月末）。二回以後の農談会のテーマを企画し、自腹で交通費や講師料を支払い、農談会後の懇談会は留守宅で実施した。昭和二一年二月、農地改革の検討が開始され、同年一二月、第一次農地改革案が作成された。大地主の有賀は国が買い上げた小作地を小作人に渡し、地主分の七反部の保有地も旧小作人の要望に応じて、すべて処分した。そのことによって、七代続いた朝日村大地主の有賀本家は消滅し、神奈川県の逗子町に本拠を移し、家と村を中心に農村社会学の研究と執筆に努め、優れた村落研究者となり、『有賀喜左衛門著作集』全Ⅻ巻を刊行した。

第一次大戦直後、ドイツのマックス・ヴェーバーはミュンヘン大学の自由学生同盟に依頼され、「職業《ベルーフ》としての学問」と「職業としての政治」と題して連続講演会を実施した。前者の講演では、現在の学問の使命《ベルーフ》と本質（社会科学の方法論）を語った。有名な最後の結語として「われわれの仕事にとりかかり、『時代の要求』にかなえるようにしようじゃないか―人間としても職業としても―、というのが、その教えである。ところで、こういうことは、すべてのひとが、めいめいの生命をあやつっている守護神《デーモン》を見つけて、その意志にしたがうならば、とても簡単にできることなのである」と語った。

戦後初期、有賀は「外からの占領の不安より、内において人々の精神が崩れ出しているように見えてしかたがなかった。そしてこれを押し止めるものはさし当って食糧の増産よりほかに手はないと強く思うようになった」と回顧している。混乱した村を落ち着かせ、村人が食糧の不安を解消し、篤農家から増産に励むように運動することである。かつてヴェーバーが提言した「時代の要求」とは、有賀の朝日村では戦後の食糧増産運動である。すでに触れたように、有賀は連続講習会の途中で朝日村の生活を切り上げ、上京したが、発足から第二二回まで企画し、講習会当日の前後に朝日村に帰郷し、講習会の世話をした。のちに、有賀はその動機を「古い地主根性」だったと回顧している。ヴェーバーの指摘によれば、有賀の生涯に染みついた「デーモン」だったのであろうか。

（二〇一五［平成二七］年二月一日、擱筆）

昭和22年、地主没落記念　中央に有賀喜左衛門夫妻
出典：『有賀喜左衛門著作集』

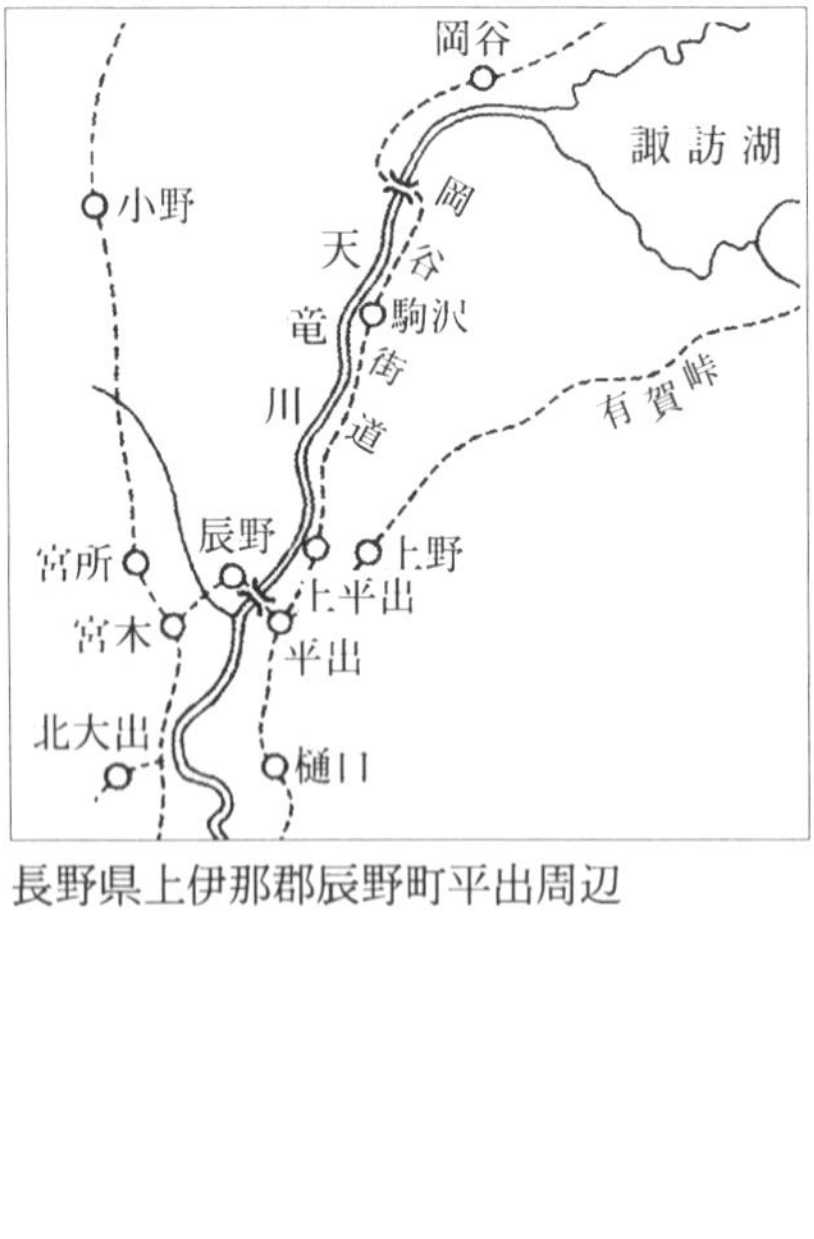

長野県上伊那郡辰野町平出周辺

第四章　きだみのる著『にっぽん部落』を読む（岩波新書、一九六八年）

山村に暮らす

鹿児島県出身のきだみのる（一八九五―一九七五）は本名を山田吉彦と言い、本名でフランスのエミール・デュルケームの論文集『社会学と哲学』、レヴィ・ブリュールの『未開社会の思惟』、アンリ・ファーブルの『昆虫記』、マルセル・モースの『太平洋民族の原始経済』その他を翻訳した。

山田は慶応義塾大学を中退後、フランス政府の給費留学生としてパリ大学でデュルケーム学派の泰斗モースから民族学と古代社会学の指導を受けて帰国した。山田はジョゼフ・コットが創設した東京のアテネ・フランセでフランス語とギリシア語および社会学を教えながら、アルバイト（知識人の）としてフランス語文献の翻訳に専念した。

山田は東京・本郷の東大前の借家で暮らし、そこに来た東大生とその仲間にフランス語や社会学を教え、日中戦争の頃には学生は三十名に上った。さらに、山田は山中湖の東大合宿所などで学習会を行い、その後は食料増産のために農村に動員された学生の要望に応えて、東京府南多摩郡恩方村辺名《へんな》部落の無住寺の医王寺を借り、夜間に私塾を開設した。

ところが、アジア太平洋戦争下の学徒出陣・動員によって学生は戦場や兵舎、軍需工場などに駆り出されたため、私塾は永くは続かなかった。その後、彼は本郷の借家に住み、東京大空襲に備えて医王寺の庫裏に内縁の妻と子供を疎開させた。戦後、家族に替わって庫裏に住みつき、フランス語文献の翻訳のかたわら、十四戸の小さな山間部落とその周辺の村人の生活や意識を参与観察した。

文豪・徳冨蘆花は、当時は純農村の世田谷の千歳村粕谷に都落ちして、晴耕雨読の生活を始めた。粕谷に定住して六年目に短文集『みみずのたはこと』（一九一三年）を上梓した。「田園生活のスケッチ」は好評を博して洛陽の紙価を高め、ロングセラーとなり、耕地四千坪を買い増し、書院二棟を建て、「粕谷御殿」とはやされた。

山田は、「美的百姓」（趣味としての百姓生活）と自嘲した蘆花とは異なり、野良仕事はせず、山村で翻訳と観察に専念した。彼は辺名部落の子どもたちからは「お寺の先生」と称されたが、村人からは「じぐまぐれ」（怠け者の意味）と陰口を叩かれながら、部落の慣行や組織、村人の生活や意識を克明に観察した。その後、全国各地の農山村を歩き、辺名部落が部落として「純粋」であること、しかも都市を含む日本社会の「原型」であり、かつ「縮図」であると強説した。

「気違い部落」シリーズ

フランス語文献の翻訳家として著名な山田は、「きだみのる」（木田稔）というまったく無名なペンネームでユニークなドキュメント『気違い部落周游紀行』（一九四八年、初出は『世界』四六年九・十月号）を上梓した。その翌年、本書は毎日出版文化賞を受賞した。

戦後の混乱期に本書に感激した文学青年の開高健は、いささかペダンチックな趣きがあるが、古代ギリシアや中世フランスの知識を巧みに織り混ぜ、「精神の爽快」と「明晰な精神」という文学的な美徳を感じ、きだを「精神の貴族」だと思ったと言う（開高健「自由人の条件」、『人とこの世界』所収）。

受賞に気を良くしたきだは『気違い部落紳士録』（一九五〇年）、『気違い部落の青春』（一九五八年）、『東京気違い部落』(一九六〇年)、『気違い部落から日本を見れば』(一九六八年)その他の一連のシリーズを出版し、特異な文明批評を展開した。

きだはフランス語版に翻訳されることを予定し、シリーズの決定版『にっぽん部落』(岩波新書、六七年)を出版した。その際、日本の部落《ムラ》という家々の群れ《ムレ》(「村」と同義)の英語翻訳語として、Village(村落)、Community(共同体)などは不適切で、部落の発音に即してBrakあるいはBraqueを使用したいと提唱したが、きだの数種の「著作文献目録」に当たったが、同書のフランス語版は記載されていない。

今や「気違い」や「部落」は差別語として定着している。ちなみに「部落」は『広辞苑』では、①一般的な概念として「村の一部」と記述され、さらにそれから派生した②特別の概念として「被差別部落」が記述されている。ところが、きだは偏見と差別の意識、つまり②の意味で一連の書名に採用したのではない。

ユーモアとエスプリの精神

ただ、きだにはフランス的教養のユーモアとエスプリのサービス精神から東京近郊の八王子恩方の山村部落にたいして、いわば斜に構えて「気違い部落」と表現したのであろう。しかも、きだに部落の情報を伝えた世話役たちを「英雄」とか「勇士」と称したが、これもまたきだに特有の諧謔の精神に由来したのであろう。

きだの一連の「気違い部落」ものは、社会学的に言うと、部落(集落)という小規模な地縁集団の参与観察に基づく比較分析だろう。とは言え、現地の登場人物の語り(会話文)を特有の訛り言葉で再現し、読者に特異なノンフィクション小説という印象を与えている。

ところが、後に述べるように、内容的に読むと、果たして虚構をまじえず、事実《ファクト》を忠実に伝えたノンフィクション小説かどうか、いささか疑問が残るのは否定出来ない。いや、ノンフィクション小説として読むことが間違いなのかも知れない。

私は村落社会学の特異なドキュメントとして友人から『気違い部落周游紀行』を読むことを勧められたことがある。ところが、きだは村人を露骨に面白可笑しく表現しているというかえって不愉快な印象をもち、途中で放り出したことがある。三好京三は、『子育てごっこ』（一九七六年）で晩年のきだの岩手における奔放と放縦な行動の一端を描き、文学新人賞と直木賞を受賞した。

岩手県僻地の小学校教師の三好は「老作家」のきだを「老画家」と称して、「世の中に苦渋をまき散らして八十年間を暮らしてきたような醜怪な老画家」、「(中古自動車に同乗させ、小学校の年齢で無学籍の愛娘ミミの）徳育を決定的に欠けさせた元凶の老画家」と描いている。私は『子育てごっこ』を読み、きだの「気違い部落」ものと「さよなら」することにした。

中途半端な畑仕事の体験から

私は退職を契機に妻の実家の畑で週一回、農繁期は一泊二日（酷暑の年、昼間は畑に出られないので、二泊三日に延長した）、農閑期は日帰りの野菜作りを始めた。テレビでの「晴れ」の天気予報を見て、ＪＲ中央線に乗り、山梨県東部の桂川沿いの河岸段丘の平坦地の畑に出かけた。

ゴルフやウォーキングは健康と趣味のために最適だろう。野菜作りはそれ以外に自然の恵みという収穫の楽しみがある。畑で胡瓜やトマトをもぎ採り、塩をふりかけ、かぶりつくと、甘みがあって最高に旨く、元気を回復する。ところが、野菜作りも四年目を迎え、鍬を振り上げると、すぐに息が上って腰に痛みを覚える。そこで、小椅子に座り、山々の景観を満喫して、疲労と痛みの回復を待って、再び鍬を振り上げる。

一日の畑仕事を終え、収穫した野菜の入った竹籠を背負い、夕闇迫る農道を休み休みしながら、とぼとぼと歩く姿は我が人生の帰り道を物語っているように思えてならない。

すでに触れたように、村の古老から私が耕作する畑の雑草を見て、「あれじゃあ、畑をだめにする」と盛んに陰口を叩かれた。畑に一草といえども、雑草を生やさないのが、耕作者自身の勤勉と工夫の証明であり、満足と自慢である。だが、私が耕作している周囲の畑では、荒れ放題の耕作放棄地が広がり、兼業農家の畑も手が回らないのか、雑草が背丈ほどに繁茂している。私が耕作する畑の雑草と比べると、多少は気が休まる。

とりわけ真夏の草とりは最大の難行だ。このままにしておけば、「田園は将に蕪れるだろう」。耕耘機で耕したり、草刈り機を使って見たが、その翌週には確実に生えて来る。畑にしゃがみ込み、鋭い草刈り鎌で一草一草を削り取るしかないが、その姿勢は腰に痛みを感じて、長続きしない。古老が「あれじゃあ、畑をだめにする」という陰口を変に納得した。

都市で生まれ、都市で暮らしてきた私は、部落の慣行や規範、村人の生活や意識を知らない。私が通う桂川沿いの河岸段丘の山村部落は地理的・経済的に言えば、きだが観察し、日本の「部落の原型」と称された辺名部落と大差はない。そこで、きだの『にっぽん部落』をあらためて「雨読」することにした。

『にっぽん部落』を雨読する

きだは、八王子市下恩方町の山村の辺名部落を中心にして戦後日本の農村部落をレポートした。辺名部落は空襲の被災を免れた。戦後初期、史上空前の凶作にもかかわらず、辺名部落は戦時から強制された食糧管理法に従い、部落を上げて食糧の供出に応じた。ところが、食糧の欠配と遅配のために食糧難に陥り、ジャガイモの収穫まで飢餓が深刻化し、わずかの米に大量のせりなど山菜を混ぜ、オジヤ（雑炊）を常食とした。

戦後初期、ＧＨＱにより日本の非軍事化と民主化の一環として農地改革が進められた。その結果、地主制のもとで形成された親方／子方の身分階層制、村落共同体の規制、家父長制的な「家」制度は大きく変容した。

きだは村人の幸福は「物豊かで、それを買う銭こが稼げ、駐在がうるさ過ぎず、税の安い世の中」だと強調している。きだの幸福論は自作農の創設という農地改革と矛盾するものではないが、戦後の農地改革について一切言及していないのは、誠に奇妙な感覚である。

おそらく、きだは逆説的に表現したのであろうが、「終戦後の大混乱のときでも、部落は過去と同じように、静かにその日その日を繰り返していた」と言う。都市に限らず、とくに農山村は家族や親族を頼って都市被災者や引揚者とその家族、さらに復員兵が出身地の農山村に殺到した。農山村では史上空前の人口が増加した。しかも食料品の調達のために都市住民の「買い出し」が殺到した。おそらく、東京近郊の僻遠山村の辺名部落もまたこれまで経験したことのない「戦後の大混乱」に直面したであろう。このような時期、平穏にその日その日を暮らしたと言うのは、きだの最大の創作上の作話的表現だと思えてならない。生活再建のために、大多数の国民は「静かにその日その日を繰り返す」余裕など全くなかった。

砂川闘争は条件闘争だったのか

きだは、『にっぽん部落』の第二章「奇妙な時限」でアメリカ軍立川飛行場の拡張をめぐる砂川基地闘争（一九五五—六九年）に触れている。砂川町は五日市街道沿いにあって、飛行場の拡張問題がマス・メディアで盛んに報道された。拡張反対の町民・支援者と警官・機動隊の衝突が必至と見られた当日、きだは報道班の腕章をつけ、取材記者の案内で、激突が予測される近くの盛土の木立の中で見物した。

きだが見たのは、都労組のマークをつけたメンバーが警官隊の侵入を阻止するためにピケラインを張り、労組のリーダーがマイクで盛土で見物している群衆に向かって、第二ピケに加わるように要請したが、誰も動かなかったと言う。そこで、きだは「砂川の反対運動は都労組と都の警官との戦いで村の者とは関係がないように見える」と、その印象を書いている。

砂川闘争は「先祖伝来の土地を守る」、「土地に杭を打たれても、心に杭は打たれない」をスローガンに、砂川町民が自ら組織した「基地拡張反対同盟」が主体となり、砂川町、町議会の支持、総評傘下の労働組合や全学連の支援を受けた歴史的な反基地闘争だった。

表現の詐術

同行した取材記者が「われわれがどんなに反対運動を支持して世論化しても、結局は地価の吊り上げに終わるだろう」と語る意見にたいして、きだは全面的に同意した。支援労組が組合員を動員し、基地拡張を強硬に反対すれば反対するほど、政府（調達庁）は天井値で補償金を支払うだろうと言うのである。

その夜、きだは辺名部落に帰り、馴染みの居酒屋に立ち寄り、そこに居合わせた部落の世話役と意見を交わした。きだの疑問は、盛土で見物している群衆が、なぜ、ピケ隊に加わらなかったかという点だった。訳知りの世話役は「都労組のリーダーがあらかじめ砂川の親方や世話役に話を通しおけば、町民はピケに参加しただろう」と言うのである。

きだは、そのように話す世話役の説明に全面的に賛同した上で、砂川闘争を見物して帰って来た若者に向かって、「あるのは、地価の吊り上げだけだぜ。……進歩だ、米帝反対などは地価吊り上げの道具にしているだけさ」と、砂川闘争の結末を断言した。きだが『にっぽん部落』を擱筆したのが、一九六七（昭和四二）年で、そのほぼ十年以前の一九五七（昭和三二）年に政府（調達庁）は基地拡張のための強制測量を中止した。その後、米軍は立川基地から全面的に撤退した。

ノンフィクション作家のきだは、自らの認識と予言がはずれても、それを訂正する勇気を欠いているだけではなく、きだに同行した取材記者や井の中の蛙の世話役に、いわば狂言回しをさせてまで自説に執着した。きだがここまで「表現の詐術」を弄して書き著わしたのは、毎日出版文化賞受賞作家とは言え、論壇における彼の特異な立場と無関係ではなかろう。

部落への基本的な認識不足

きだが辺名部落を中心に全国各地の農村部落で観察されたことは、部落は十―十五戸で構成される地縁的小集団であり、この小集団を円滑に運営管理するには「親方」あるいは「世話役」というリーダーがいて、「平《ヒラ》」がいる。さらに部落の意思を決定する総会では多数決によらず、全会一致主義による。しかも部落には「殺傷するな」「盗むな」「放火するな」「村の恥を警察に知らせるな」という四ケ条の掟がある。この掟のいずれかを犯せば、部落から「村八分」という部落外しの制裁を受けた。前三項は明らかに刑法上の犯罪行為である。

きだは部落では余所者に過ぎないから、「村八分」の対象にならなかった。しかし、「気違い部落」ものでドブロクの密造、賭博（チョボイチ）の開帳、選挙運動の買収や供応を世間に公表した。しかも、それをネタにして原稿料を「稼いだ」と陰口を叩かれるようになった。さらに映画「気違い部落」の現地ロケのために、映画会社が部落に支払ったわずかの謝金や協力金の分配をめぐって、全会一致主義の部落を「割る」ことになった。そのため、きだは「村八分」同然の扱いを受け、一時は居づらくなって、全国各地を放浪したり、東南アジアの各地の村々を巡った。それ以上に、きだのレポート役の「英雄」や「勇士」たちの親世代が死亡したり、彼自身が辺名部落のルポルタージュに興味や関心を失ったことも考えられる。

すでに触れたように、私は退職を契機に山梨県東部ＪＲ中央線で週一回、妻の畑に通い野良仕事に励む、いわば中途半端な「晴耕雨読」の生活を始めた。すでに、本書第一章で徳冨蘆花『みみずのたはこと』（岩波文庫、一九三八年）を取り上げた。ここではきだみのる『にっぽん部落』を取り上げているが、この得体の知れない怪物の著作に共感しながら、きだ自身は本当に村落社会を認識していたのかどうか、疑問を感じるようになった。

きだは「部落の親方或は世話役が支配できる戸数は十五、六軒に止まる」と強説している。そもそも、きだが住んだ辺名部落は世帯数十四、耕作面積三町一反。一人の篤農家の耕地面積は一町五反で、そのうち一町を自作し、五反を西隣りの部落の村人に借地として貸している。残りの一町六反を十三戸の農家が所有し、平均すれば、一戸あたり自作地は一反余りに過ぎない。親方／子方（自・小作人）は庇護・奉仕（支配・依存）を相互に確認し、それは必ずしも部落内で成立するものではない。

ところが、部落の世話役は部落の総会などで選出（現在、圧倒的に輪番制である）され、部落の管理運営にあたり、複数の部落の体育会や演芸会、部落単位の親睦会などのイベントを行う一方、行政機構の下部組織として市報などの配布に協力している。かつて世話役はときに「平」（非役職者）の息子・娘のために「嫁捜し、婿捜し、仕事捜し」に奔走したが、今や世話役がそのような面倒を見ることは珍しい。

すでに触れたように、きだは「部落の親方或は世話役が支配できる戸数は十五、十六軒に止まる」と強調したが、親方が実質的に庇護できる子方の戸数は、借地として貸せる面積によって左右される。辺名部落の西隣りの借地は五反であるから、親方が子方に平均して一反を貸しても、五戸に過ぎない。

きだの誤解は親方と世話人を概念的に区別せず、部落のリーダーとして親方と世話役を無造作に並記したことである。私のささやかな農村の経験と知識をもとに、『にっぽん部落』で記述された事実《ファクト》に異議を申し立てたい。つい最近、私が通う村落で親方／子方が世代を超え、口約束で耕地の貸借関係を結んでいることを小耳に挟み、驚いたことがある。村落研究と言えば、本家／分家、親方／子方、血縁関係や地縁関係その他を明らかにした。ところが、経済の高度成長期に農村も大きく変わり、本家／分家関係を始め、その他の関係や意識も大きく変容した。

文　献

□きだみのる著『にっぽん部落』（岩波新書、一九六七年）
□きだみのる著『気違い部落周游紀行』（新潮文庫、一九五一年）
□開高健著「自由人の条件」（『人とこの世界』ちくま文庫、二〇〇九年、所収）
□星紀市編『砂川闘争50年　それぞれの思い』（けやき書房、二〇〇五年）

第五章　深沢七郎著『百姓志願』を読む

(毎日新聞社、一九六八年)

文壇への衝撃的なデビュー

山梨県石和出身の深沢は、有楽町駅前にあった日劇ミュージック・ホール(高尚なエロチック・ストリップ劇場)でギターを演奏していた。深沢は、同ホールの構成演出者の丸尾長顕から小説創作の指導を受け、『楢山節考』を執筆した。彼のすすめで《中央公論》新人賞に応募し、第一回新人賞を受賞し、異色の作家として颯爽と文壇にデビューした(一九五六年十月)。

信州の姥捨山の棄老伝説をテーマにした小説『楢山節考』は、次のような文章ではじまる。

　山と山が連なって、どこまでも山ばかりである。この信州の山々の間にある村—向う村のはずれにおりんの家はあった。

その後、七郎が発表した戯曲「楢山節考」(一九五八年)では、舞台の場所は「信州の山村」、時代と時期は「江戸末期、夏」(第一幕)と設定されている。ところが、そのモデルは信州の山村ではなく、七郎がしばしば訪れた石和から八キロ南の山村、いとこが嫁入りした東八代郡境川村大黒坂(現、笛吹市)である。しかも会話の文章は信州弁ではなく、七郎が子供の頃から話し馴れた甲州弁である。

信州の貧しい山村では口減らしのため、乳児は間引きされたり、七十歳になると「楢山まいり」という厳しい棄老の掟があった。年末、老婆のおりんは心の優しい息子の辰平が担ぐ「しょこ」（背板）に乗り、部落から「七つの谷と三つの池を越えて行く遠い所にある山」、そこは人骨が四方に散乱し、大群のカラスが舞い、神が住むと言い伝えられた楢山である。

辰平はおりんを背板から降ろし、おりんが薦《こも》を被って岩かげに座ると、こんこんと雪が降り出した。辰平は部落の掟を破り、「おっ母あ、雪が降ったなあ、雪が降ってふんとによかったなあ」と大声で叫んで、おりんのもとに戻った。おりんは辰平に手ぶりで下山を促し、ついに「楢山まいり」を終えた。

『楢山節考』は、残酷な棄老物語として描かれたのではない。辰平に背負われたおりんの姿は、七郎に負われ、手を伸ばして前へ前へと進めと合図する老いた母さとじの姿だった。このように七郎が石和で介護し、病死した母さとじの愛情と行為をもとに構成され、母を極限にまで理想化した哀悼歌であり、鎮魂歌だった。次に触れる二作品でもこのモチーフが通底している。

甲州庶民の「歴史小説」

七郎は『楢山節考』で作家として衝撃的にデビューした後、石和を舞台に代表作『笛吹川』（一九五八年）、『甲州子守歌』（一九六五年）などを発表している。

『笛吹川』は甲州の「お屋形様」の信虎、信玄、勝頼の武田家三代の歴史を背景にしている。主要な登場人物は笛吹川のほとりのギッチョン籠と呼ばれた家に住むどん百姓六代、六十五年間に一族が滅亡する「歴史もの」である。信虎、信玄や勝頼という歴史上の人物や事件の盛衰をその背景としているが、戦国時代の史実を踏まえ、歴史上の権力者の波瀾万丈、栄枯盛衰を描いた「歴史小説」でもなければ、髷物（まげもの）、つまりチャンバラを振り回す大衆好みの「剣劇小説」でもない。

もっとも、ギッチョン籠一家のなかには武田軍の合戦に雑兵として手柄を上げ、武田軍団の有力者となった。武田勝頼軍の敗色が決定的になっても、「先祖代々お屋形様のお世話になった」という信念から滅亡の天目山まで従って死んだ。こうして、一人のほかギッチョン籠一家は壮絶な死を遂げる。

『笛吹川』の現代版と言われる『甲州子守歌』は、大正末期から総力戦期（日中戦争、アジア・太平洋戦争）を経て、戦後初期という現代の歴史を背景に、笛吹川のほとりの小さな家に住む、いわば水呑百姓一家三代の三十数年間の貧しい農民の生活を描いた。だが、この小説には野良仕事についての記述はほとんどない。

『甲州子守唄』（一九六五年）は石和や甲府を舞台にした甲州の農民一家のいわば「歴史もの」で、いつも「他人のことでも、自分のことと思う」オカアは、息子の徳次郎や里帰りした娘のギンにブツブツと「仕方がねえ、仕方がねえ」と言い聞かせる。典型的な甲州人オカアのララバイ（子守唄）を中心に創作された。

明治維新後に徴兵令が公布され、満州事変の拡大によって日中戦争が本格化し、さらにアジア・太平洋戦争に突入すると、山梨でも「天皇の赤子」として「赤紙」一枚で甲府連隊に徴兵された。しかも国家総動員法により生活必需物資は切符制・配給制となったが、相変わらず生活物資が不足し、闇商売が横行した。

オカアは笛吹川の袂《たもと》で石鹸などの廉価な日用品を商う「万年橋のトコの百貨店」を開業した。次第に商才を身につけ、闇で米、砂糖の代用品のサッカリンなども売るようになった。

貧しい一家の息子の徳次郎は二十歳からアメリカに出稼ぎに行き、帰国後は夫婦で東京に出稼ぎに出かけた。石和に戻った徳次郎は、甲府に新設された軍需品工場で働いた。甲府大空襲を経て、敗戦を迎えたが、オカア一家は稼ぎのため闇商売を続けた。

敗戦後、工場勤務を止めた徳次郎は、オカアに代わって、食料の担ぎ屋や買い出し人を相手に本格的に闇商売を始めた。サッカリンに小麦粉を混ぜて売り、担ぎ屋や買い出し人には売り惜しみをして、買い手に恩義を売る商才も身に付けた。

この作品は、七郎が戦争末期から戦後初期にかけて山梨県石和の実家で肺結核のために療養しながら、商売を手伝い、しかも煙草や砂糖の闇商売をした経験と知識をもとに創作されたのであろう。

放浪の旅

七郎は、わずかの時間に「夢」を見たとして、それを笑劇風に「風流夢譚」を描いた（『中央公論』一九六〇年十月号）。ところが、その一部が皇室を侮辱した作品と受け取られ、その翌年、中央公論社の社長宅で右翼少年によって殺傷事件（「嶋中事件」）が起きた。

七郎の作品にたいして文壇やメディアは、一斉に七郎を攻撃し、孤立無援に追い込まれた。そこで、七郎は刑事の監視つきで「放浪の旅」に出掛け、京都、大阪、尾道、広島の他、北海道の札幌、稚内、釧路、根室まで逃亡生活を続けた。

七郎は事件のほとぼりが冷めると、東京に舞い戻り、すでに触れた『甲州子守唄』の執筆を始めた。ギタリストや作家として名声を博した七郎だが、自らは「作家と言っても毎日毎日小説を書いていたのでもなく、ギタリストだと言ってもそれで生活していた」のでもない。この「まとまりのない生活」をそれなりに楽しく暮らしたが、「どれも私の職業ではなかった」と自覚するようになった（「生態を変える記」、一九六六年）。

七郎は若い頃から農業をしたいという夢を抱いていた。都会の生活と放浪の旅を切り上げ、百姓を志願し、関東平野のど真ん中で静かな平坦地の埼玉県南埼玉郡菖蒲町（現、久喜市）の田んぼの中の畑地三反五畝を購入した。七郎は得意になってラブミー農場と命名したが、農地の規模は、今日流に言えば、たしかに「家庭菜園」よりもはるかに広大だが、「農場」というよりも、むしろただの「畑」に過ぎない。しかも「農」を生業《なりわい》とするほどの農地の規模ではない。

「くらがえ」（鞍替え）――百姓志願――

五十一歳の七郎は夏六月に耕地を購入すると、居ても立ってもいられず、十一月に付け人のミスター・ヒグマと一緒に建設中のプレハブへ引っ越し、ドシャ降りの一夜を急造のビニール屋根の下で過ごした。

その夜、七郎は太鼓のような雨音や地上に落ちる雨水を聞きながら、猥雑な都会から逃げ出せたこと、農業に「くらがえ」出来たことで安気した。とは言え、「私自身は全然変化していないことである。ひとりだけの世界に生きていた者は生態がどんなに変わっても変化しないのである」（「生態を変える記」）。

七郎は、引っ越し早々の、季節はずれの冬でも土を耕し、野菜の種を蒔き、果物の苗木も植えた。当然、野菜はえんどう以外は、皆枯れてしまったであろう。百姓を志願し、三年間の野良仕事の経験と見聞をもとに、早くも「都会を離れた自由人の日記」という副題を付け、エッセイ集『百姓志願』（毎日新聞社、一九六八年）を刊行した。

七郎は隣組七軒の挨拶廻りを済ませ、正式に村入りした。作付けには村人からアドバイスを受けたり、種や苗を分けて貰った。七郎は畑で三角削の立鎌でザクザクと青草の根元を刈ると、その音に気持ちが楽になるらしい。「草刈は直接収穫とはつながらない。……だが種まきよりも収穫よりもちがう美しさがある。草を刈ったあとの整理された気持はなんとさわやかな気分だろう」と書いている。

私自身は夏の草刈りには往生する。草刈りはしゃがんで草刈り鎌で根っこまで刈り取る、まさに徹底的に「根絶」することである。草を「根絶」した積もりでも、雨が降ると、一週間後には草は確実に葉っぱを出し、再び草刈りに励むことになる。一番面倒なのは、おそらく多年草の杉菜の除草だろう。立鎌で草の根元を刈っただけではすぐに新芽を出す。荒れた農地や墓地で良く見かけるあの杉菜だ。私はシャベルで掘り起こし、根っこを注意して引き抜くことにしているが、残念ながら、その後も杉菜の除草との葛藤は続くだろう。

メタボの私はしゃがみこむ姿勢が苦手で、小さな小椅子に座って、草刈りをすることにしている。当然、作業は緩慢だが、健康と趣味のための草刈りだと考え、体力を回復する運動、「トレーニング」と思うことにしている。しかも草刈りのあとの気分は爽快だ。それに飽きたら、小椅子に座り、四季折々に変化する周囲の山々の光景を満喫すれば、それもまた気分は爽快になる。

種を蒔き、苗を植え、水を撒き、間引き、土寄せ、追肥をすれば、収穫という自然の恵みに与ることが出来る。所詮、ずぶの素人がダメ元で始めた野菜作りだから、「失敗は成功の基《もと》」と考えれば、失敗しても大して苦にならない。当初、七郎は三反五畝の畑で鍬で耕す旧式の慣行農法にこだわったが、効率的で均質に耕作出来る「豆トラ」と称する原動機付き耕耘機で耕作するようになった。さらに肥料は堆肥や糞尿などの自給肥料に代えて、油かす、有機肥料、化学肥料などの販売肥料を使用するようになった。

だが、七郎は農業ですでに定着したビニールハウス栽培にたいして疑問を呈した。それぞれの野菜は「旬」の時期こそ最も味が良いのだが、ハウス栽培では、時期はずれに収穫した野菜は最良の味を堪能することが出来ない。そこで、七郎は「ビニールや農薬が農業を変えたのは、進歩だとばかりはいえない。悪魔に魅入られた農作物だ」と見なした。

野まわりと晴耕雨音

土と共に生きる七郎は、朝起きて畑の作物を観察しながら、野良仕事の段取りを決める近くの篤農家の「野まわり」

に共感した。「一のこやしは、あるじの足あと」という格言がある。それは畑にせっせと「こやし」（肥料）を撒くよりも、あるじ（主人）が畑を見てまわり、適切に対処すれば、農作物は良く育つという意味である。早朝の「野まわり」を好む七郎も、「土と共に生きるほどの農業精神」に感動したのである。だが、七郎は夏は朝五時ごろ起きて草刈りを始め、午前九時には寝てしまう。午後はだめになる百姓という意味で「ごだめ百姓」と自嘲した。

雨の日、近所の村人が立ち寄り、書架の本を見て、七郎は「晴耕雨読」かと聞かれ、「晴耕雨音《うおん》」だと答えたという。雨の日や農閑期にはギターを弾き、「雨読」ではなく「雨音」なのだ。戦死した七郎の兄弟子が遺したギター曲「紡ぎ唄」を繰り返し練習し、譜面の片隅に彼の遺した日記の一部を書き留めている。のちに述べるように、自給用の「コマギレ栽培」ではラブミー農場の生活は成り立たない。そのため、雨の日や農閑期には原稿を書き、原稿料や印税収入を稼ぎ、ギター・リサイタルも開催した。

ところが、七郎が『読売新聞』夕刊に連載した「ラブミー農場繁盛記」その他のエッセーを読んだヒッピーかぶれの若者が農場を訪ね、「住み込んで農業をしたい」と言うそうだ。そこで、七郎は若者に立鎌を持たせ、畑の草刈りをさせた。草刈りは種を蒔き、苗を植え、収穫するまでの野良仕事のうちで、実に面倒な作業なのだ。

農村や農業に憧れる若者にいきなり厄介な草刈りをさせたら、単なる憧れは腰砕けとなり、二、三日でラブミー農場を退散するだろう。良くあることだが、農家の主人（家長）は、妻、息子、娘、さらに婿、嫁を田畑の単なる作業者と見なし、やっかいな草刈りを一方的にさせ、かえって野良仕事を疎ましくさせて、息子や娘を離農・離村を促すことになったに違いない。

七郎は、生業として百姓を始めたのではなく、自給用の野菜作りにくらがえして野良仕事を続けた。土に親しみ、農村や農業の現状に一定の理解をしたが、野良仕事に不慣れで、農業に憧れるだけの若者に三角鎌で草刈りをさせる神経はおよそ理解出来ない。七郎は従来の農家の「農場主」の慣習と感覚を踏襲したのであろうか。

野良仕事は一種のスポーツだ

私自身について言えば、年末の冬休みに義母から草払い機を持たせられ、広い栗林の草刈りを指示された。草刈り機を担ぐ私に農道で部落の古老から「良く稼ぐじゃ」と声をかけられた。その時は気分が良かったが、栗林で草払い機を操作し、草を刈った。すでに草は部分的に枯れていた。そこで、何で義母からこんな作業をさせられるのか、その意味を了解しかねた。それ以来、私はここではただの「作男」に過ぎないと考え、野良仕事に関心も魅力も失い、敬遠することにして、本業に専念することにした。

七郎は日本の高度成長の最中に、関東平野のど真ん中で野良仕事を始めた。言うまでもなく、高度成長で跡継ぎを始め、農家労働力は農外へ流出し、兼業化と高齢化が急速に進み、「三チャン」農業となっただけではない。七郎がたびたび指摘したのは、農家の跡取りの「嫁ききん」である。

七郎は土に親しみ、自然を愛し、いろいろな仕事をやったが、最後には農業が一番たのしい仕事だったと思った。……実感した。「私などはいろいろな仕事をやったが、最後には農業が一番たのしい仕事だったと思った。……実際にやって楽しい仕事だと思う考えかたには変わらない」と賞賛した（『百姓志願』）。

だから、「農業が楽しくないという農家の人があったら、その人は農業をやっているのではなく、強制的にやらされているのではないだろうか」と疑問を呈した。農家の娘が跡継ぎの「農家へお嫁に行くのはイヤ」と決め、嫁になりたがらない「嫁ききん」という現象は、七郎にはなかなか理解しがたい社会現象だったのであろう。

ラブミー農場には「農場に就職したい」と言う都市の若者が訪ねてきたり、村には二十歳前後の娘数名が農家に嫁になりたいと応募したという。そこで、都市生活を経験した七郎は、若い世代が農業の担い手として過重な労働から解放され、定時の労働時間、農休日、月給制などの方策も具体的に提言している。畑仕事は働けば働くほど、土作り、種まき、苗の植えつけ、間引き、追肥、収穫。しかも見栄もあって辺りの耕作者と競い合い、ますます忙しくなる。

七郎の場合は、原稿料や印税などの農外収入によって生活を維持し、畑仕事では立鎌でカリカリと草を刈り、自給用の多品種少量生産の野菜を作る。だから、一種のスポーツとして「のんびりやる」ことが出来たのだろう。

高度成長期のコマギレ栽培

七郎のラブミー農場の方針は、自給用にキャベツ、小松菜、イチゴ、大根、牛蒡など三十種類の野菜を作付けする多品種少量生産である。「一種類の野菜を大量に作って出荷し、その収益で必要な野菜を買う」という周囲の生産農家とはまったく異なる。地元の新聞で野良仕事をする七郎の写真の横に「いろんなものを作ってあるコマギレ栽培」とキャプションがつけられ、七郎自身もそれに納得した。

すでに触れたように、七郎は高度成長期の離農傾向の最中《さなか》に、都会を離れた自由人として百姓を志願し、関東平野のど真ん中の三反五畝の畑で野良仕事をした。それは周囲の専・兼業の農家とはまったく異なる、新しいタイプの百姓生活である。

すでに定年退職後に田舎暮らしがブームの一つになっているが、定年退職とは無関係に印税や原稿料で暮らすことが出来る七郎は、自給用の多品種少量生産の野菜作りに励み、土の匂いを全身全霊で堪能した。ところが、ギターを弾く繊細な手は「ワニ皮」のように頑強になり、胸板もまたたくましくなり、顔も日焼けした。最初、七郎は「考え方によっては、農業は高利貸し的な仕事である」と理解した。なぜなら、わずかな種を蒔き、肥料をやれば、大量に収穫可能だからである。たしかに、農外収入によって生活を維持し、自給用の多品種少量生産の野菜作りであれば、そのように理解することは当然だろう。

その後、七郎は近隣の農民から話を聞いたり、自ら調査・検討した結果、専業農家として生活出来るには、最低一町五反の田畑を所有する農家だそうである。だが、一町五反の田畑を購入し、新規に農業を開始しても、投資にたいしてまったく採算が取れない。だから、農業はスポーツの一種で、「男子が一生をやるには採算がとれない事業だ」と思うようになった。しかし、村人が農業を続けるのは、太古の時代から土に根をおろし、「土の上に生きている動物だ」と考えるようになった。

『百姓志願』（一九六八年）の出版後、七郎は狭心症の発作が起り、悪化して心臓喘息を併発した。退院すると、ラブミー農場は雑草農園になっていた。それでも、七郎は草取りをして、倦怠感と疲労困憊すると、万年布団にもぐり込み、休息して再び畑へ出る。その間、体調が許せば、寸暇を惜しんで執筆に精を出している。循環器系の大病を病み、発作の苦痛に襲われ、死を予感しながらもなお、書くことに執着した。

七郎は七三歳で急性心不全で静かに急逝した。入退院を繰り返し、自らの臨死に納得し、死の恐怖をいだきながら、ギターの演奏と小説やエッセーの執筆に自らのエネルギーを燃焼させた。七郎の執念には、私はただただ驚異を覚えた。七郎が創作のテーマとした「庶民」を自ら演じ尽く、執筆し、自らの生をまっとうしたのであろう。私もまた野良仕事をしながら、この一連のエッセーの執筆に自らの生をまっとうしたいものだ。だが、年金暮しも年を重ね、悠々自適の「晴耕雨読」の生活ではないことを悟った。

（二〇一一年九月末、擱筆）

文献

□『百姓志願』は『深沢七郎集第九巻　エッセー3』（筑摩書房、一九九七年）に収録されている（本章は第九巻によった）。
□『笛吹川』『深沢七郎集第五巻』（筑摩書房、一九九七年）に収録。
□『甲州子守歌』『深沢七郎集第五巻』（筑摩書房、一九九七年）に収録。
□開高健「手と足の貴種流離」（『人とこの世界』ちくま文庫、二〇〇九年、所収）

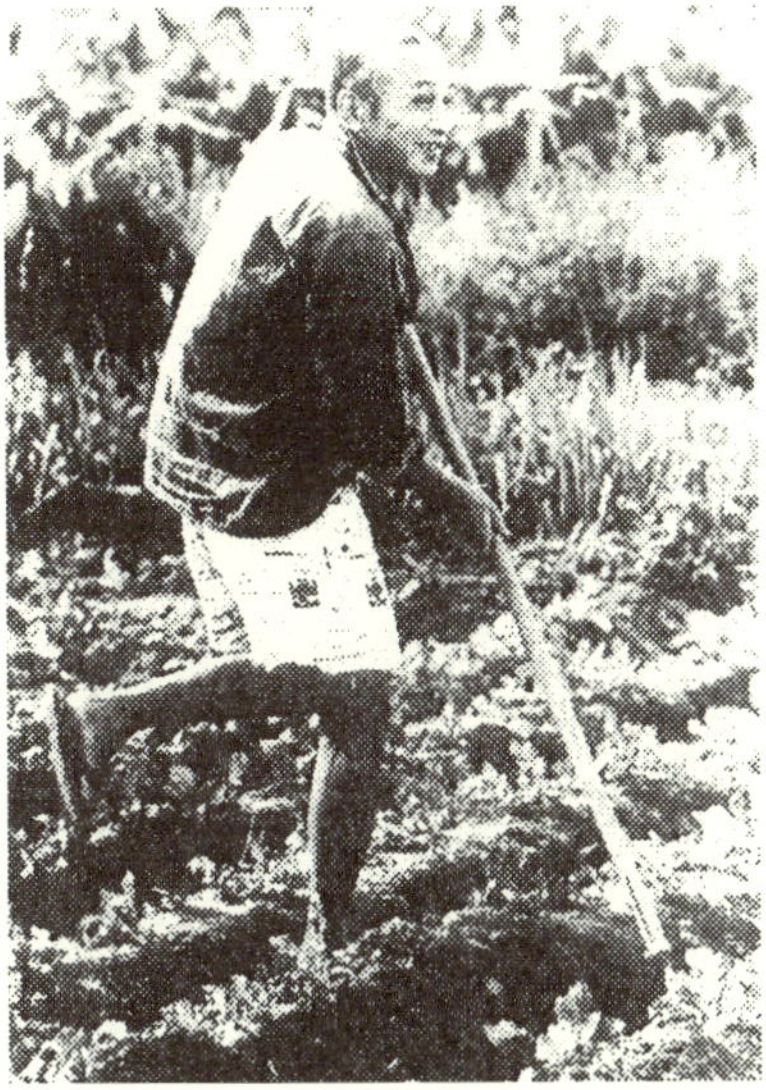

ラブミー農場、立鎌でサクサク掘る
出典：『生きているのはひまつぶし』
（2005年）

見沼代用水のほとり
出典：『生きているのはひまつぶし』
（2005年）

第六章　杉浦明平著『農の情景―菊とメロンの岬から―』を読む（岩波新書、一九八八年）

アマチュアの野菜作り

愛知県豊橋市に住む旧友に徳冨健次郎の『みみずのたはこと』（一九一三年）について書いた同人雑誌『まんじ』第一一七号（二〇一〇年八月）を謹呈した。電話で「これから農村をテーマにした作品を読んで行きたい、そのような作家・評論家に心当たりはないだろうか」と相談した。彼は「渥美半島の杉浦明平はどうかな」と、応じてくれた。そう言えば、三十数年前に彼のクルマで豊橋から渥美半島の先端にある観光地の伊良湖岬《いらござき》まで案内して貰ったことを思い出した。

周知のように、伊良湖岬は辺鄙な地だったが、『万葉集』に歌われ、平安末期に歌僧の西行も訪れ、江戸前期の俳人の松尾芭蕉も訪れたように、風光明媚な景勝の地として古くから知られていた。今日はおそらく島崎藤村の「遠い島より流れ寄る椰子の実一つ」と言う『椰子の実』の詩歌で知られている。

若き柳田國男は静養をかねて伊良湖岬に滞在し、浜辺で南の島から漂着した椰子の実を発見した（『遊海島記』）。近くに住む藤村は、帰京した柳田からそのことを聞き、のちに新体詩『椰子の実』を作詩した。もっとも、漂流した椰子の実のモチーフは、柳田の晩年の著作『海上の道』（一九六一年）に結実し、日本民族の起源の一つを解明した。私は伊良湖岬を見物したとき、柳田國男の記念碑と藤村の詩碑、小さな椰子の実を売る土産物店があったと記憶している。

私は退職を契機に、妻の実家のある山梨県東部の桂川沿いの河岸段丘の僅かな平坦地の一角で野菜作りを始めた。ところが、今年の春夏野菜は「寒い春」のために、総じて不作だった。夏は酷暑と水不足のために葉菜類は害虫に食害され、残念な結果に終わった。

私は炎天下の畑で軽い熱中症にかかったらしい。ペットボトルの水をがぶ飲みし、たっぷり汗をかいた。次第に疲れ易くなり、休みながら、野良仕事を続けたところ、めまいがしたあと、吐き気がした。早速、水を飲んだが、汗は出ず、尿意を催した。

小椅子に座り、木陰で涼んだ。「これは、あのことだったのか」と、在職中に出版したジュニア用の社会学のテキストの一節を思い出した。アメリカの社会学者タルコット・パーソンズはシステムという概念によって「社会」を総合的に把握した。

彼は、アメリカの生理学者のW.B.キャノンのホメオスタシスという概念、気温や湿度の変化、姿勢や運動の変化に応じて、生体には一定の標準状態を保持する恒常性維持のメカニズムが働くという学説に着目した。そこで、パーソンズは生体の独自なメカニズムを参考にして、「社会」というシステムはそれ自体の安定性を維持・存続するというのである。

気温が上昇すれば、生体は皮膚から放熱や発汗して一定の体温を維持させる。ところが、酷暑のため体温が異常に高くなり、生体は恒常性維持のメカニズムが機能的に破綻（逸脱）する。私は熱中症の軽い症状だったのであろう。その夜、足が痙攣して、何度か目を覚ました。昼過ぎまで身体がだるくて起き上がることが出来なかった。「年寄りの冷や水」とはこのことかと実感した。

昨年の晩秋に空豆の種子を蒔いた。ホットキャップをかぶせて、冬を越す。毎年、経験したことだが、春になって生長した空豆の様子を見たら、花と莢に相性のよいアブラムシが真っ黒にこびりつき、恐ろしくなって、古新聞にくるんで燃やした。今春は「寒い春」だったので、アブラムシの攻撃を免れ、実入りは悪かったが、なんとか貧弱な空豆を収穫することが出来た。

今夏の酷暑と日照りのため、新米の品質の低下と収量の減少が報道されている。たしかに、近くの自給用の稲作農家から貰った新米はぼそぼそして美味いとは言えなかった。私の見聞では豆類の収穫も不振だ。インゲン豆は蔓ぼけして実つきが悪い。妻が手前味噌を作るため、近くの農家に購入を予約した大豆もまったく不作だった。小豆もまた同じ。

杉浦明平の渥美半島

作家・評論家の杉浦明平は、著述に専念しながら、アマチュアの百姓に徹し、ナス、大根、レタス、ブロッコリー、白菜、キャベツなど、自給用の少量多品種の野菜作りに励んだ。耕地の規模や立地、平坦地と山間地、温暖地と寒冷地という決定的な違いがあるが、素人の野菜作りというスタイルは、明平には失礼だが、同じである。そして、彼は生来の病弱で、私は週一回の畑仕事というハンデがあって、草取りに往生している点でも同じだろう。

杉浦明平は愛知県渥美郡福江町折立（現在、田原市折立町）の地主兼雑貨商の家に生まれた（一九一三―二〇〇一年）。彼は東京の第一高等学校（旧制）を卒業し、東京帝大国文科に在学中に短歌雑誌『アララギ』に投稿し、さらに同人誌に短編小説を発表した文学青年である。

明平はアジア太平洋戦争の末期に結婚し、郷里の福江に戻り、戦後は『新日本文学』を中心に作品を発表した。渥美湾の養殖海苔の売買で暗躍するブローカーを法廷で告発したルポルタージュ『ノリソダ騒動記』（一九五二―五三年）を『近代文学』に連載した。その後、福江町教育委員を務め、渥美町町会議員として二期八年を務めた。町会議員に在職中、『村の選挙』（柏林書房）、『台風十三号始末記』（岩波新書）、『町会議員一年生』（光文社）などを出版した。

その他、明平は渥美半島の歳時記『海の見える村の一年』（岩波新書）、エッセー集『渥美だより』、『渥美の四季』（家の光協会）、『農の情景』（岩波新書）を上梓した。さらに明平は幕末の蘭学者で三河田原藩の家老について『小説渡辺崋山』（朝日新聞社）を出版し、毎日出版文化賞（一九七一年）、『ミケランジェロの手紙』の翻訳で日本翻訳出版文化賞の特別功労賞（一九九五年）を受賞した。このように、明平は渥美半島を舞台にルポルタージュ、創作、翻訳に勤しんだ。

私が明平の多種多様な作品群のなかで、とくに関心があるのは、一連の渥美半島の歳時記、農漁村で生きる人々の生活を描いたルポルタージュである。ここでは主として晩年のエッセー集『農の情景』（一九八八年）をとり上げたい。大患後の明平が散歩がてらに自宅周辺の最先進農業地帯の一端を見聞した歳時記である。

『渥美の四季』の「あとがき」で触れているが、渥美はかって「奥郡《おくごおり》」と言われたように、長い間、辺境の地だった。そのため、住民は古い精神構造を有ちながら、農業は急速に超近代化し、田原湾を埋め立て、工場団地が造成され、自動車工場が新設され、さらに伊良湖岬を中心に観光産業も盛んになった。そこで、明平が愛してやまないのは、旧住民の精神構造の「古さ」と、最先端の農・工・サービス業と新住民の生活様式の「新しさ」のちぐはぐな情景である。

専業農家の観察と記録

渥美半島は天竜川より豊川に分水し、先端の伊良湖岬まで貫流する豊川用水の通水による灌漑と、土地改良事業（耕地整理と交換分合）が行われた。それ以来、ガラス張りの温室（渥美町は日本一の温室密度）やビニールハウスの栽培によって、換金性の高い作物の電照菊、その裏作のメロン、トマト、花卉の施設園芸、さらに秋冬野菜のキャベツの露地栽培によって、大規模専業農家は高収入を上げ、農水省から「日本農政のショーウインドー」といわれ、外国からも見物者が絶えず、また外国人の農業研修生を積極的に受け入れている。

ところが、生産農家はそれぞれの品目について、温暖か寒冷かという自然条件、さらに需要と供給の卸売市場の相場に左右され、市場価格は暴騰したかと思えば、暴落する。渥美の専業農家は投機的な市場価格に一喜一憂する。ちなみに、キャベツが全国各地で豊作が伝えられ、相場が暴落し、回復する見込みがないと、大型トラクターで踏みつぶし、早出しのスイートコーンや露地メロンの種蒔きにとりかかる。ところが、キャベツの相場が暴騰して大儲けすると、温室を増設したり、高級車を購入したりする。

一般に、高度経済成長期に「跡取りオート（バイ）に、嫁取り耕耘機」と言われたが、渥美では跡取り息子に高級車と大型トレーラーを買い与え、娘には自動車教習所に通わせて運転免許証を取らせ、嫁には農協主催の原動機付き耕耘機の運転講習会を受講させた。

豊橋市在住の知人によれば、フォード製の大型トラクターを購入し、農業実習で稼働させたのが、渥美農業高校だそうである。この超大型のトラクターは農地を深く耕し、野菜作りの手間を大幅に軽減させる。しかも、車好きの生徒を大いに興奮させたであろう。

彼らは農家を継ぐと、親にねだって超大型トラクターを購入した。明平によれば、国道でこのトラクターを走らせ、運転手は「のろのろ走るクルマを追い抜くときの心地よさは何ともいえない」そうだ。だが、フォード製の大型トラクターはアメリカの大規模農場のために開発された。渥美では一戸当たり多くて二町歩を耕作する大型トラクターは、明平には「一年に四日か五日あれば十分で」、「実用よりも、高価なおもちゃ」に見えたのである。

私が野菜作りを始めた当初、「蒔かぬ種は生えぬ」と考え、栽培カレンダーを見て、種蒔きに精を出した。その後、野菜作りは種蒔きよりも、「土作り」と「草取り」が重要だと理解した。私の場合、種を蒔く二週間前に酸性土壌を中和させるために苦土石灰を撒き、小型耕耘機で耕し、さらに一週間前に有機肥料を撒き、再び耕耘機で耕す。さらに中耕で耕耘機を稼働させる。畑に雑草が生えれば、耕耘機を稼働させるが、夏場の草取りほど、難儀なことはない。

小型耕耘機とは異なり、大型トラクターは広くかつ深く耕せるので、それほど頻繁に稼働させる必要はないかも知れない。ところが、耕地が散在している場合、トラクターを稼働させる回数は増えるだろう。小型耕耘機も使わず、もっぱら鍬と鎌を使用し、二反五畝の畑の雑草ジャングルに四苦八苦している明平には、多少のひがみ根性からフォード製の大型トラクターは「実用よりも、高価なおもちゃ」に見えたのであろうか。

裏作メロンの温室栽培

明平の『海の見える村の一年』（一九六一年）によれば、渥美町の温室で電照菊の栽培が行われていた。生産農家は温室の稼働率を高めるために、電照菊の裏作に一もうけしようとして換金性の高いメロンの栽培を試みた。その当初、生産農家は熱心に工夫も研究もしなかったため、渥美メロンは不味く、下級品という評価が市場で定着した。そこで生産農家は重い腰を上げた農協の指導を受け、糖分十五度の甘い渥美メロンの栽培に成功した。

明平の『渥美だより』（一九七四年）によれば、最初はマクワウリ型のプリンスメロンを栽培した。その後、糖度と相場の高いネット型のメロン作りが主流となった。渥美農協はメロンの品質を厳重に検査し、合格品には検査証を貼って出荷した。その結果、検査証のついた渥美メロンは卸売り市場で高値で売買されるようになった。私の経験では、熟したもぎたての野菜は最高に美味い。水分補給のため、畑できゅうりやミニトマトをもぎ、塩をふって食べると、甘味と香りがあって苦労が報われたように思えた。

私は畑で水分補給のために熟したスイカに塩をかけ、丸ごとかぶりついた。最高に美味かった。そこで、同じ熟したスイカを自宅に郵送したところ、スイカは潰れ、濡れたダンボール箱が配達されたことがある。

ところで、商品として出荷する渥美メロンは、かなり早めに採って市場に出す。四、五日は追熟させないと、甘みと香りは出ない。本当に美味いメロンは自然に熟成したメロンだが、長持ちせず、二、三日で腐ってしまう。生産農家は自家で食べ切れない成熟したメロンを近くの八百屋にばらで安値で売る。渥美半島の住民はこの美味くて安いメロンを好んで食べるそうだが、そういう機会は滅多にない。消費者にとって野菜類は「地産地消」「旬産旬消」が最大のご馳走なのだ。

専業農家の世代交替

一般に、親の跡を継いで家業を子に譲る一世代はほぼ三十年と言われてきた。戦前の農家では、親・子・孫と続く世代の交替は実に緩慢だった。夜明けから黄昏まで鍬、鎌、犂で耕作し、経験と技術のたけた一家の主《あるじ》は、家業を急いで跡取りの息子や娘に譲る必要はなく、一家の財布を握り、家長の権威を振りまくことが出来た。

ところが、明平の『農の情景』によれば、渥美の専業農家は一九六〇年を境に、耕作の手間を省くために、最初ハンドティラー（小型耕耘機）を導入した。それから二、三年後には大型耕耘機を導入し、不要になった犂耕《りこう》用の役牛は牛小屋から姿を消した。どの農家もマイカーを購入するようになると、まず最初に明治生まれの世代を営農の主役からオミットし、家長の権威を喪失させた。

その後、一九七〇年代以降、大規模化した温室にコンピューターを設置し、温室内部と地中の温度、湿度、通風、施肥、潜水（スプリンクラー）、農薬散布などを自動的に管理させた。大正生まれの世代は大型トラクターを稼働させることは出来ても、コンピューターには手も足も出せず、営農の主役からオミットした。

ところが、「元気じるし」の「じいちゃん、ばあちゃん」が所在なく、ぽつんと居間に取り残されてはたまらない。これまでの習慣どおりに野良に出て、露地の片隅で自給用の野菜を作ったり、「ばあちゃん」は仏壇やお墓に供える四季折々の草花を栽培した。彼らにとって畑の雑草は不倶戴天の大敵で、取り残しは世間体が悪いのだ。

一九八〇年代には世代交替が急速に進行し、昭和前半生まれの世代はメロンや花卉の施設園芸では「足手まとい」になった。ところが、彼らはＪＡ（農業協同組合）の年金を受給し、普及したゲートボールに興じたり、大衆化したゴルフに熱中したり、さらに自宅に家庭用カラオケ機材を購入し、老後の暮らしを大いに楽しんでいると言う。

「元気じるし」の年寄りは、早朝から始まり、数時間つづくゲートボールと、夕食後に集まり、夜半までつづくカラオケの両方に興じるには、体力と時間が許さない。そこで、彼らはどちらか一方を選択する。ところが、大正生まれの明平はゲートボールやカラオケにはまったく興味がないが、その見聞を諧謔に記述することに興じ、歳時記を残した。それが『農の情景』である。

山村はまさに蕪《あ》れなんとす

私が通う山狭村は、渥美半島の大規模専業農家とは大いに異なる。畑では七十代前後の年金生活者が野菜作りに励んでいる。ところが、近くの農協の直売所に出荷するのはごく少数のようだ。なかには、家に居ると、酒ばかり飲んでしまうので、日焼けで真っ黒な顔―酒やけではなさそうだ―をして野菜作りをしている。彼は凍みた白菜を塩漬にしたが、食べ切れないので捨ててしまうと聞いたことがある。この地で最大の田畑の所有者で、家にいると尻がむずむずしてくるので、天気が良いと、必ず野良に出てきて、せっせと草刈りをしている。

この山狭村でもゲートボールが盛んだ。今は廃校となった中学校の広々とした旧校庭の一角を占拠して、常連のメンバーがゲートボールに興じている。ゲートボールは身体以上に、ルール、チームワーク、駆け引きが重視され、頭の体操になるそうだ。

この山狭村は東京近郊の通勤圏である。かつては土・日か、非番の日に跡取りが野良仕事をしていたが、今は七十歳前後の年金生活者が野良仕事をしていて、畑は高齢者の世界だ。「農業」離れはますます深刻化し、渥美半島のように順調な世代交替は不可能だろう。

二年以上も耕作を放棄したら、雑草ははびこり、その土地を再び耕地に戻すことは容易ではない。農家の跡取りだからと言って、跡取りが必ず耕作する必要はなかろう。この山狭村では広い耕地の一部を畑を持たない近隣の複数の村人にまさに「コマギレ」に貸し、彼らは自給用の野菜を作っている。

たしかに、耕地の貸借は、都市とはまったく異なり、口答による相対の約束事である。地主個人が市民農園として整備し、書面で貸借契約を結ぶのは難しい。この山狭村で自治体か農協が耕作放棄地や不作付地について農作業の受託や農地の管理代行などの対応策を講じているという話はあまり聞いたことがない。

すでに中学校は廃校になった。補正予算がつくと、自治体はさっさと校舎も体育館もプールも解体し、在校生や卒業生が親しんだ染井吉野の老木を生木を裂くように倒木してしまった。小学校も廃校となった。農協は支所を閉鎖し、診療所もなければ、コンビニもない。ただあるのは古くからの酒屋と煙草屋と理髪店、それと郵便局だけになった。子ども相手の駄菓子屋や美容院もすでに閉店した。

すでに述べたように、この山狭村は丹沢山地の最北端、秩父山地の最南端に位置し、二つの山地の間に桂川の深い渓谷がある。私は野良仕事で疲れると、小椅子に座り、四季折々の悠然とした山々の景観を満喫する。夕暮れには畑からの帰り、桂川の浅瀬のせせらぎの音を聞き、満天の月と星を仰ぎ、疲労が癒されたように思う。

ところが、国道がこの村を貫通しているため、爆走する自動車の騒音によって、閑静なはずの村の夜間は安眠を妨害されるだけではなく、数車のトラック群の疾走のために蒲団ごと遊泳しているかのような錯覚を覚える。私は旧中学校の校庭の一角を年寄りのゲートボールのコートに利用するだけではなく、「道の駅」に活用し、村起こしの拠点にすれば良いと考えるが、それはしょせん余所者のごまめの歯軋りに過ぎない。

活気のない、澱んだ村の情景を観察すると、私は早くて十年後、せいぜい二十年後には「田園将《まさ》に蕪《あ》れなんとす」

という情景を推測する。ただ、私には陶淵明のように、世俗との交遊を絶ち、この山狭村を郷里と考え、「帰りなんいざ」という心境にはなれないし、老いた私が何時まで野良仕事を続けられるのか、まして農の情景や山村の景観を満喫出来るか定かではない。

文献

□杉浦明平『私の家庭菜園歳時記』（実業之日本社、一九八〇年）

島崎藤村の「椰子の実」の歌碑

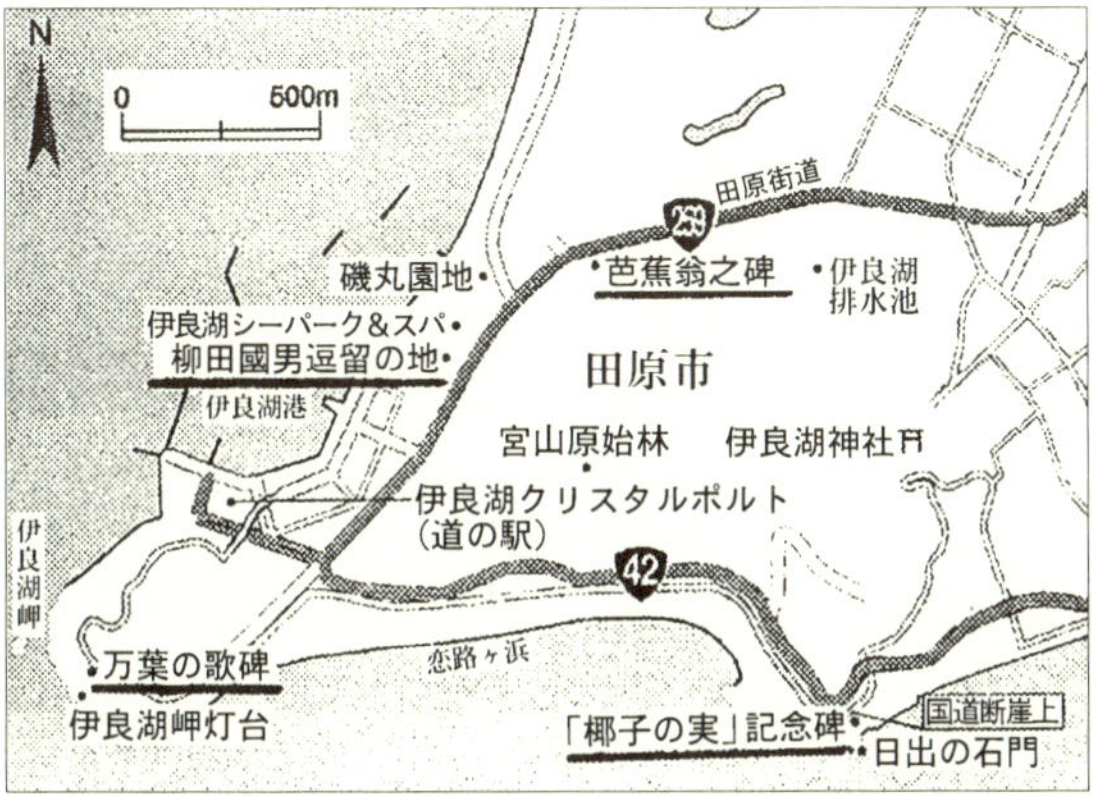

伊良湖マップ

第七章　守田志郎著『対話学習　日本の農耕』を読む

（農山漁村文化協会、初版一九七九年）

悲惨だった秋冬野菜作り

秋の猛暑のために野良仕事ではほとほと閉口した。ただ、春夏野菜のナス、キュウリ、小玉トマト、ししとう、ピーマンの果菜類は豊作だった。秋、ホームセンターで買った白菜、キャベツ、ブロッコリーの苗も順調に生長し、冬になって何とか収穫することが出来た。ところが、小松菜、ほうれん草、チンゲンサイの葉菜類の種を厚めに蒔いても、猛暑と水不足のためか、なかなか発芽せず、三度目に蒔いた種がやっと発芽した。越冬し、早春になって、小さな葉っぱを食べたのは初めての経験だった。

数年前から、近くの畑でもダンポール（ガラス繊維強化プラスチック）という支柱を半円形状に曲げて土に埋め、その上にフィルムをかけ、その中で作物を作り、保温と防霜に効果を上げる。そんなトンネル栽培をよく見かけるようになった。それをするには、材料費だけではなく、手間と時間がかかり、強風に煽られると、フィルムが支柱から外れてヒラヒラと宙に舞うことが心配だ。その上、トンネルのなかに害虫が入り込み、結構食害されたことがあるので、トンネル栽培は止めた。何も深沢七郎の指摘に従った思いはない（第五章）。

秋に雨が適当に降ってくれれば、大変有り難いのだが、週二回の水遣りではままならず、水分が不足した。二〇〇坪の畑には井戸も水道もない。畑小屋の屋根に降った雨水を樋で集めて、使わなくなった浴槽に水を貯め、畑に水遣りをしている。晴天の日々が続くと、浴槽に貯めた雨水が払底した時には大いに困惑した。

すでに触れたように、秋冬野菜の種を蒔いたが、なかなか発芽しなかった。また猛暑の影響で土中の温度が上り、発芽や生育の適性温度を超えていたのであろうか。もっと悲惨だったのは、大根、人参、カブ、ラディッシュの根菜類だった。二回ほど種を蒔いてもまったく発芽しない。三回目の大根、人参などの種蒔きは保温のために黒のポリマルチを敷き、穴を開けて種を蒔いたら、やっと発芽してくれた。近くの耕作者も「この秋は何回も種を蒔いた」と嘆いていた。

ところが、すでに時は遅く、気温はどんどん低下し、葉はほとんど生長しなかった。頃合いを見て、大根を掘り、料理して試食したが、味も素っ気も無かった。その後、寒さと霜のために大根の小さな葉は枯れ、根は凍みてしまった。人参も発芽したのでそのままにした。春になると、葉が次第に生長した。そこで、間引いた小さな根を煮て試食したところ、根の中心部（芯）が固く、鬆立《すだ》ちして不味かった。そこで、人参の根をすべて引っこ抜いた。

挽回の春夏野菜作り

農閑期の年末に三回ほど畑に出掛けた。そのうち、一回は肥料を撒き、耕耘機で耕し、畑に青々とへばりついていた冬草を刈り取った。あとの二回は日帰りで畑の小屋の掃除と整理、春になって必要とする肥料の種類と数量を点検した。秋冬野菜の不作の原因は、暑さと水不足だけではなく、油かすや有機肥料などの肥料切れで地力が低下したのかも知れない。

正月三ヶ日が明け、畑の小屋の整理のついでに、貧弱な白菜と虫害されたキャベツを収穫し、凍みた葉っぱと虫害された葉っぱを掘った穴に埋めた。ねぎとブロッコリー、小松菜とほうれん草、お粗末な大根とカブ少々をゆうパックで自宅に送った。白菜をリュックサックに詰めて持ち帰り、厳寒の翌晩に白菜の鍋料理に舌つづみを打ったが、残念ながら、葉肉には白菜独特の甘みとさくさくとした歯応えがまったくなかった。

ブロッコリーといえば、スーパーなどの売場では主枝の先端部に出来る頂花蕾だけが陳列されている。生産者は頂花蕾を出荷すると、根っこごと引き抜いてしまう。だが、ブロッコリーは頂花蕾を収穫した後、脇芽から小さな側花蕾が数個も出来る。それを料理すると、柔らかくて意外に美味い。側花蕾は決して二次的な菜っ葉とは思わない。この側花蕾の収穫は自給用栽培の特典だろう。

晩秋、絹莢えんどうと空豆の種を蒔いた。えんどうには不織布をかけて防寒して越冬させた。例年になく大雪が降り、小さな葉と苗が雪害を受け、凍みてしまうのではないかと心配したが、無事だった。えんどうは春になって蝶形の可憐な淡紫色の花をつけた。ところが、収穫時期が遅れたため、莢のなかの豆が大きくなり過ぎてしまった。やはり豆自体の風味はグリーンピースにはかなわない。

空豆はまったく発芽しなかった。後で、スコップで掘り返したところ、大粒の種を全く見かけなかった。多分、鳩に食餌されたのだろう。「鳩を憎み豆を作らぬ」わけにはいかない。そこで、ホームセンターで空豆の苗を買って定植した。茎は生長しないまま蝶形の淡紫色の花が咲いたが、茎の汁液を吸収するアブラムシが付着し、未成熟の小さな円柱形の豆果（莢）が空に向かっていた。空豆の栽培にも失敗した。小さな豆を塩茹でしたが、美味くないだけではなく、取り残した小さな莢はすぐに枯れてしまった。

年越しのカキ菜（江戸東京では野良坊菜と呼ばれている）は、発芽して小さな葉をつけたが、おそらく鵯《ひよどり》に食害され、葉先も枯れていた。カキ菜の周囲に支柱を立て、防鳥テープを張り巡らしたが、後の祭だった。春三月、山笑う時期になると鵯を見かけなくなった。カキ菜は小さな葉と細い茎のまま小さな蕾をつけた。収穫して食べたが、ごく細の茎には独特の甘みに欠けていた。

カキ菜は、スーパーの野菜売場ではあまり見かけないマイナーな葉菜類だが、露地栽培のほうれん草や小松菜などの葉菜類が払底した端境期、貴重な野菜だろう。本来、生長した蕾と茎を一緒に掻いても、脇の茎から蕾と葉が生長する。湯掻いたり、油で炒めたりして食べると、茎は柔らかく、独特の甘みがあって結構美味い。

八十八夜の別れ霜

畑の地表に霜柱が消えてぽかぽかした陽気になると、村人は一斉に畑に出て、肥料を撒き、耕耘機で耕し、地均《じならし》して除草する。寒暖を見計らって、「第二の主食」のジャガイモの種芋を植える。三月中旬、私は農協から購入した北海道産の男爵五キロの種芋を三作と、昨年収穫し、食べ残したメークインとピルカを種芋として植えた。毎年のことだが、汗をかいて作業を終えると、本格的に春の到来を感じる。

ところが、「八十八夜の別れ霜」ということわざがある。暦みの上で五月二日以降、最後の霜が降らなくなるというのだ。その日以前、遅霜が降ると、茶や桑の葉などに被害を与える。畑に遅霜が降り、ジャガイモの小さい葉が黒ずんで枯れた。村人のアドバイスに従い、そのままほったらかしにしておいたら、再び葉が生え、ひとまずほっとした。だが、今後の天候と地力によって、ジャガイモ特有の疫病に侵されると、決定的に被害を受ける。

昨年から今年にかけて、秋冬の根菜類作りの失敗を挽回しようと、早い時期に黒マルチに開けた穴に、三粒づつ大根とカブの種を点まきした。本葉が二枚に伸びたので、二株を残して間引きした。小松菜、ほうれん草、チンゲンサイ、シュンギクの葉菜類はなかなか発芽しなかったが、早くもその周囲に雑草が生えたのには驚いた。昨年のミニトマトの種子が発芽した。「実生《みしょう》」と思い、定植した。生長したが、それはミニトマトの苗に似た唯の雑草だった。

この春、ほうれん草だけがなかなか発芽してくれない。小松菜、チンゲンサイ、シュンギクはなんとか収穫できたが、好物のほうれん草だけが生長せず、小さく、しかも枯れてしまった。雨が降らず、水分が不足したのであろうか。わずかに残った若菜を湯掻いて食べたが、独特の甘みはなかった。天気予報は梅雨入り宣言をしたが、空梅雨の日々が続き、畑を歩くと、土が舞い上がり、作業用のズボンに土ぼこりが付着した。

専業農家からの聞き書き

群馬県南西端の上野村の山里に住む内山節の『里の在処《ありか》』を読んだ。さらに、入手しやすい内山の作品を何冊か、流し読みをした。内山のエッセー『「里」という思想』（二〇〇五年）で、農学者の守田志郎が一九七〇年代初期に伝統的な「むら（村）」の積極的な意義を提起し、従来の「農村共同体」論を批判したと指摘されていた（一二〇頁）。そのことが、記憶にあって、書架を探したところ、守田志郎著『日本の村』（改題、初版・一九七三年）を発見した。

さらに守田の『むらの生活誌』（一九九四年）が復刊された際、内山は、守田が強調した営農について、自然と家と集落という三つの要素の継承と循環のなかで展開していると解説した。ところが、工業化と都市化という近代化の過程で農村を支えた「継承と循環」の系を破綻させたとも指摘したが、農民は伝統的な部落や生活慣習を継承しながら、しぶとく時代とともに懸命に生産と生活をしていると指摘している。それが、森田が独特の「農学」を探究する学問的な動機となった。

オーストラリアのシドニーで生まれた守田志郎（一九二四―七七年）は東京都狛江市に定住し、近くの成城高校を卒業後、東京大学農学部で農業経済学を専攻し（のちに同大学農学部農業経済学科研究科大学院修了）、地主制度などの農業経済史の研究者としてスタートした。当時、日本の農業経済学史の農村共同体（部落と村）に関する通説では、社会の民主化を阻害する封建遺制、富農と貧農の農民層分解などが主要なテーマとされた。守田もまた研究生活の初期に「日本の部落についての終局的崩壊の論理（いわゆる大塚久雄の経済史学、『共同体の基礎的研究』括弧内引用者）を一度はア・プリオリに身につけた」（『日本の村』）と告白している。

のちに、守田は耕地を含む生活と生産の家々の集合としての部落や村が変容しながらも、「厳存」していることに注目した。そこで、守田は農業共同体の「終局的崩壊」論や農民層分解論という農業経済史の主要なテーマから離脱し、頻繁に農村・農家を訪れ、虚心坦懐に農民の話に耳を傾け、農民との討議にも参加し、各種の文献にも精通し、部落や村をはじめ、「農」に関する農業、農地、農法、農耕などについて著述した。

稲作農家の聞き書き

高度成長期の米の増収ブームの最中、㈱農山漁村文化協会（通称、農文協）の文化部は東北地方を中心に稲作農家の自主的な技術研究グループを訪ね歩いた。やがてグループ相互の交流会を企画した。都市居住者の守田が度々《たびたび》訪れたのが、このような自主的研究グループの指導的農民で、彼らが自由に語る話を静かに聞き、農村世界を共有し、それが最初に農業の生産技術の歴史に関する農耕史の研究に収斂した。

一九六九年三月、すでに触れたように、農文協の企画で東北地方の自立的農家（約十名）が参加した第一回懇談会が開催された。当時は高度経済成長期で米の増収ブームで、稲作の技術交流が主たるテーマだったが、農業や農政についても議論された。ところが、食糧管理制度の下で政府の在庫米が増加し、米の供給過剰にたいして休耕、転作、転用などの減反政策（米作調整）が強行された。その後、ウルグアイ・ラウンドの農産物交渉が合意され、将来的に米を含む農産物の原則関税化が了承された。そこで、懇談会では今後の農業と農政について主要なテーマにして話し合われるようになった。

その後、この懇談会を母体に講習会と討論会が開催され、守田は講習会の講師に招かれ、各グループの代表者十数名という少人数を相手に三日間、講演と討論に参加した。守田の連続講演の記録『農家と語る農業論』（一九七四年）、その前年の中期講習会の記録（守田の没後、内山節が講師に招かれている）は、農学者として農家の視点から農業、農地、むら、さらに農法などを論じ、その独特の全体像は「守田農学概論」と見なされた。守田は農業を、工業とは異なり、人間による自然との営み、自然との生きた循環と持続の営みと結論づけた。

農家の「複合的経営」の提唱

守田は五十八歳で急逝した。以下で検討したいのは、農文協が守田の没後に『対話学習　日本の農耕』（初版、一九七九年）を編集・上梓した、それである。本書は東北農家の中期講習会の記録、つまり守田の発言の抄録（第一部「農耕を考える日々」）と二日半の講習（第二部「農耕のあゆみと農家の選択」）、さらに参加者の交流会の記録（第三部「守田先生の講義をきいて」と第四部「農業をどうする」）で構成されている。

守田は講演でインド西部の農耕の開始と世界各地への伝播、焼畑農法（アジア）、畑作と畜産の輪作（ヨーロッパ）、さらに日本の稲作中心の農耕の歴史とその特色を明らかにした。出版社の農文協は「社会制度史に付随した農業史ではなく、庶民の暮らしと自然との関わりあいを土台にした新しい日本農業史の骨格が見える……。農家の討論も貴重な記録」と紹介している。率直に言えば、参加した農家の真剣な討論を通して、守田の講義が参加者にどのように受け止められ、その重点が「何か」を理解出来るのが面白い。

残念ながら、守田の発言・講義と参加した農家の討論の記録をそれ以上詳しく検討するには、私の能力をはるかに超えている。ただ、守田は講義を締めくくる際、日本の農耕の問題点として次の二点を上げている。第一に田と畑を決定的に分離し、田と稲作を結合させた。それは、歴史的には大和朝廷時代から連綿と継承された。その時代の権力が米の物納か金納を要請したためと推定される。そのため、第二に農家の視点はもっぱら水田におかれ、畑と関連した農家生活の循環はまったく無視されてしまったと推定される（一八六頁）。

さらに守田は一九六一年に制定された「農業基本法」前後からの農政の強力なやり方について、あまりにも無知で不勉強な時代であったと批判した。守田は日本の農政の重点、つまり農家の経営規模の拡大や農産物の選択的拡大、農業の構造改善という農政を批判し、とくに三圃式農法、耕種（とくに穀物と飼料の作付け）と家畜を有機的に結合した混合農業など、自然との循環を重視したヨーロッパの農業を学び、日本でも自然との循環を基礎に、小規模経営のもとで生活と生産を結合し、稲作と畑作の深耕、そして両者の輪作体制、さらに養豚・養鶏・育牛・乳牛（家畜の糞尿を堆肥として利用する）などの「複合的経営」を推奨した。

農家（とくに東北地方の専業農家）のなかには守田が提唱した農法が積極的に支持・実践された。本書第三部と第四部の討論参加者の多くは、稲作を中心に畑作と、乳牛か和牛、養鶏を飼育する「複合的経営」を実践している。当時、農業青年だった斉藤巌は、守田の没後、東北農家の懇談会で「わが一〇年の模索」（第四部に収録）と題して自由発表し、守田に触発されて「本物の農民」として自己を変革することに努力した。しかも農業経営では二町二反と畑八反を耕作し、ニワトリ一五〇羽を飼育し、さらにシイタケを栽培（採算割れとなった時期もある）して「複合的経営」を実施している。

守田の農業論や農法論は政府および農業関係の学者・評論家にはほとんど評価されていないようである。むしろネオ農本主義者とみなされ、批判されただけではなく、全く無視された。私にはそのことの是非を論じる能力はない。農業経営はたえず天候や病虫害というリスクを伴い、それらのリスクを分散するためにも、「大規模単一的経営」ではなく、「複合的経営」を実施する以外に選択の余地はないと考える。

この比較的都市近郊の山狭村と、守田が主として論及した東北地方の水田稲作中心の平地農村を同列に論じることは出来ない。ただ、守田の自立農家の「複合的経営」の提唱は、おそらく大規模農家の所得保障政策、補助金などの外的な農業の保護政策に依存するよりも、むしろ農家自身が農業経営のあり方を内発的に生産と生活、自然と循環を志向することを強調したのであろう。それがネオ農本主義と批判されていても、守田農学は一考に値する。だが、残念ながら、篤農家でさえ今や「複合的経営」が困難になったことは明らかである。

文　献

□守田志郎『日本の村』（朝日選書、一九七八年）
□守田志郎『農家と語る農業論』（農産漁村文化協会、二〇〇一年）
□内田節『「里」という思想』（新潮社、二〇〇五年）

第二部　農の危機と再生

第八章　小島麗逸著『新山村事情』を読む
（日本評論社、一九七九年）

畑仕事の最悪のスタート

この冬は異常に寒かった。昨秋、春菊、ほうれん草、小松菜、チンゲンサイなどの古い種を畑に厚く蒔いた。豊作の里芋の収穫、土中に埋めて保存するために手が取られ、葉菜類の間引きや水撒き、追肥や除草を省いてしまった。春菊はこの厳しい寒さに耐えられず、黄色い花が咲く前に枯れた。春になったら、ここにどんな野菜を作ろうかと楽しみにしながら、耕耘機で春菊の枯れ葉を掘り返した。

冬の露地ものの小松菜、ほうれん草、チンゲンサイは寒くなると糖度や甘みが増し、最高に美味い。収穫を楽しみにしていた。ところが、チンゲンサイは獰猛な鵯《ひよどり》の大群が飛来したらしく、葉っぱの芯を残して、きれいに食害された。早速、防鳥テープを張りめぐらしたが、後の祭りだった。周囲の畑の葉菜類も鵯の餌食になったようだ。カキ菜は冬から春にかけて葉菜類の端境期の貴重なビタミン源だが、それもまた盛大に食害された。鵯はとくにキャベツも好物らしい。外側の葉、結球した部分はもとより芯まで食害された。早速、根を掘り出し、食い残した葉を土に埋めた。良く見ると、冬越しのエンドウの幼い葉も僅かに食害されたらしい。支柱に防鳥テープを張りめぐらしたが、どれだけ効果があるのか定かではない。

昨秋、収穫した大根が食べ切れなかったので、土に埋めて保存した。ところが、あとで掘り返すと、上部は腐っていた。丸型の聖護院大根は畑にそのままにして土をたっぷりとかけておいたが、やはり上部は腐り、下部を使ってブリと煮て、ブリ大根としゃれてみたが、大根は固くてあまり美味くなかった。

真冬、人参の葉も枯れた。そこで、人参を掘ったが、成熟していなかった。それもまた大失敗だった。東京郊外の自宅の近くの畑では三月になって、再び緑葉が生えると同時に根の部分も再び成長するようだ。三月末が最後の収穫期だという。

旬の野菜と旬の季節感

春蒔きとは別に、夏蒔きの人参は葉が枯れても冬を越させ、三月末まで収穫出来る。愛用の電子辞書に収録されている『ホトトギス俳句季題便覧』（三省堂）で「人参」の項目を見たら、「冬十二月」（旧暦）、「冬、霜の降りる前後に採る」と記述されていた。私は俳句の「季語」について初めて知ったことだが、人参は冬から三月にかけて、収穫するのが極く当たり前のようだ。「季語」は実情に即していない。

五月になり、これから隠元豆の種を蒔こうと考えている。さきの『ホトトギス……』によれば、隠元豆の季語は「秋八月」となっている。隠元豆は一年間に三度も収穫できるので「サンドマメ」（『広辞苑』）と言われ、春二回はともかく、七月に種を蒔くと、秋の九・十月に収穫することが出来る。旧暦で言えば、「秋八月」の「季語」は間違いではないが、春蒔きの隠元豆には触れず、「季語」は実情に即していない。

本来、どの野菜・果物・魚介類には最も美味しいという「旬」の時期がある。夏蒔きの人参は、むしろ「冬十二月」以降に収穫したのが最も美味い。野菜・果物・魚介類は一年中スーパーの店頭に並び、とくに野菜は季節感を喪失してしまった。そのため、旬の野菜こそ美味くて、安いという私の実感は怪しくなった。

三月、畑に蒔くジャガイモの種芋の準備や土作り、畝作り、植えつけの時期が気になる。ジャガイモは三月に種芋を蒔くと、六月末に収穫でき、しかも長期間保存し、食用出来るという大変有り難い根菜類である。六月末の梅雨時の晴れ間に収穫したジャガイモは豊作だった。紙袋に入れ、畑の小屋に収納し、その都度、取り出して食べたが、春になってもかなり残った。その残った丈夫そうな芋を選び、芽を欠き、適当な大きさに切って種芋として植えたが、北海道産の種芋よりもあまり芽立ちは良くない。小さいうちに掘り、新ジャガとして食べることにした。

　ジャガイモの植えつけで大儀なのが、かまぼこ状に土を盛り、中央部を掘り、そこに種芋、元肥、水を撒いて鍬で土を被せる。ところが、三、四回、鍬を振り上げると、足と腰が痛み出し、動作は緩慢となり、しかも息切れして長くは続けられない。休み休み作業をすることにしてきた。

新たな試み

　そこで、今年は耕耘機にプラスチック製の培土機という簡単なアタッチメントを取り付け、溝を掘った。ところが、その培土機はめったに使わなかったので、力任せに、ただがむしやらに操作した。それが応えたのか、帰りの農道を歩いていると、足や腰が痛み、歩行が困難となり、ゆるい坂道を上るのも辛かった。

　昔、当地の主要産物は陸稲、養蚕、雑穀に加え、小麦だった。小麦粉に少量の塩を加え、丹念に捏ねて練る。この手製のうどんを「おごちそう」することが、来客にたいする最高の振る舞いだった。かつては里芋の裏作に小麦の種を蒔いたが、麦作りは五五年代以降は急速に衰退した。そのため、周囲の畑で小麦・大麦をほとんど見かけない。

　私は食用でも、まして飼料用でもなく、燕麦《えんばく》の種を畑の周囲に蒔くことにしている。夏には麦の葉が風に揺れ、青々とした光景を見ていると、心が清々しくなる。しかも、麦わらを胡瓜や茄子の根元、ねぎの苗の根元に置くと、水分の蒸発を防ぐことになる。さらにスイカやカボチャの果実の下に敷くことにしている。

　四月上・中旬までは寒く、しかも雨が降り、本格的に一泊二日の野良仕事に出掛けたのは四月下旬だった。小松菜は黄色い花が咲き、ほうれん草は大きくなり過ぎた。ただ、かき菜はつぼみがつき、ポキポキと折って収穫した。ねぎはねぎ坊主をつけていたが、葉はまだ柔らかったのでそれも収穫した。三月に植えたジャガイモはぼつぼつと芽を出していた。定植した玉ねぎはまばらに生え、葉はエンピツの芯ほどにしか生長していない。今年もまた失敗した。玉ねぎの栽培は意外に難しい。

山狭村の梁川

山梨県は甲府（盆地）を中心に「国中《くになか》」、桂川沿いで昔の南・北都留郡の「郡内《ぐんない》」、さらに富士川の上流沿いの「河内《かわうち》」に大別される。私が野菜作りに通う大月市梁川町は「郡内」の東部にあって、河岸段丘の北側の平坦地に家と畑が混在する山村である。梁川はJR中央線と国道二〇号線が二段の河岸段丘の上段を貫通し、そのため東京の八王子、立川は優に通勤圏である。なかには都心まで通勤するサラリーマンもいる。高度成長期には農家の後継ぎ層もまた中学・高校を卒業すると、当時の郵便局、国鉄、消防署、工場の警備員などの主に現業部門の職員として通勤しながら、土日や非番の休みに先祖伝来の農地の耕作の手伝いをした。

今や、彼らは農家の跡を継ぎ、老齢年金の受給者として暮らし、趣味と健康を兼ねて自給用に野菜を作っている。もっとも基礎年金だけの受給者は、生活費の足しに白菜、里芋、山芋などを軽自動車（軽トラ）で近くの農協の直売所に出荷している。

農家の跡を継いだ現役のサラリーマン氏を畑で見かけるが、農耕用トラクターを運転し、畑を耕し、同時に除草を済ませ、種を蒔くか、苗を植えてさっさと引き上げる。畑仕事は職場の仕事で手が回らないようだ。その息子や娘が畑仕事を手伝う光景はほとんど見かけることはない。学習塾や進学塾、おけいこ事に通うのに多忙なのであろうか。

国道沿いの中学校はすでに廃校となった。跡地の利用計画もなく、砂が撒かれ、広い空き地の一角で午前と午後の二回、数名の退職高齢者がゲートボールに興じている。それはそれで結構なことだ。村人には余計なことだが、村おこしのために、国道に面した旧中学校の空き地を道の駅にして、農産物の直売所を開設したらと考たことがあるが、村人にはそんな気力と気運はさらさらなさそうだ。

小学校は生徒数が減少し始めた三十数年前、全村を上げて大騒動の結果、狭い農山村に広い校地を取得して小学校を建設した。ところが、少子化のためにその小学校も廃校となり、体育館は毎週一回「若い女衆（おんなしゅう）」のバレーボールの夜間練習場として使用され、広い運動場はたまに周辺の子供の野球チームの試合場に利用されている（その後、JR中央線の駅にも近いこともあって、私立高校が借り、ごく小人数の生徒で開校した）。

私は野良仕事をしながら、小学校の昼休み開始時の教員や小学生の校内放送、下校時には文部省唱歌『故郷』の「兎追いしかの山、小鮒釣りしかの川」のチャイム、さらに熊除けの鈴か、チャリン、チャリンと鳴らして元気に集団下校する小学生たちを見聞きした。今や、ただ懐かしい記憶の世界となってしまった。

渓谷も蕪《あ》れなんとする

昨年の晩秋、野良仕事が早く終了したので、上段の河岸段丘を下り、桂川と月屋根沢が合流する渓谷を散策した。すでに触れたように、そこは三島由紀夫の晩年の小説『奔馬』（『豊饒の海』第二部）に登場し、晩秋の風景を極めて幻想的に描写されている。ところが、桂川は大豪雨で三メートル以上も増水したらしく、枯れ枝と枯れ草が散在し、ビニールがひらひらと枯れ枝に引っかかり、見るも無残な光景だった。

そこは、六月に鮎釣りが解禁されると、太公望が殺到する渓流釣りの人気のスポットだった。鮎の友釣りと言って、おとりの鮎を泳がせ、鮎の縄張り性を利用したユニークな魚釣りである。それにはまると、鮎釣りは結構面白い。ところが、早朝、近くに生息する海鵜《うみう》が桂川に大挙して飛来し、鮎を大量に補食した。そのため鮎の魚影も、釣り人もほとんど見かけなくなった。この渓流の釣り場の荒廃もこの農山村の現在を象徴しているように見える。

一九五〇年代、農林省による食糧増産と自立農家育成のために土地基盤整備事業が実施された。桂川の河岸段丘の下段一帯は耕地を分合・交換し、方形の水田に整理・造成し、灌排水路と農道を整備し、桂川の水をポンプで揚水した。完成時、三町歩の水田に十六戸の農家が米作りをした。現在はわずか二戸のみで、三町歩の三分の一は耕作放棄地となり、ほかに畑地か林地に転用されている。

昨年、聞くところによれば、残る二戸のうち一戸は高齢化と腰痛のために、米作りを止めようと考えたが、三月十一日の東日本大震災の報道を聞き、自給用に米作りを続けることにしたという。早朝、二戸の農家は一週間交代で稲の生長、水の管理、病虫害の被害の状況を観察し、その結果を連絡し合い、対処することにしているということである。ところが、そのうち一戸が米作りを止めれば、もう一戸も止めないとも限らない。なぜなら、桂川から揚水するための電気代が大きな負担になるからだそうである。

近辺の山村の観察

今後、この山村はどのように変容するのであろうか。私はただ週一回の野菜作りに多忙で、市町村史や統計上のデータを収集したり、村人に聞き書きをする時間的余裕はない。そこで、すでに古くなったが、ＪＲ中央線の梁川駅から西へ二つ目の猿橋駅から南に十キロ程の山村に定住して観察・考察した小島麗逸著『新山村事情』を手掛かりとして、私が耕作のために通う農山村について考えたい。

小島麗逸は一九三四年に長野県飯田の農山村の貧しい農家に生まれ、一橋大学経済学部で第二外国語として中国語を学び、同大学卒業後、勤務したアジア経済研究所で中国経済を研究し、日本における中国経済研究の第一人者である。何故、中国経済の研究者の小島が過疎地の農山村にしばらく定住したのか。本人が率直に語っていないので、それ以上の無駄な推測は無用と考える。

一九七四年、四〇歳の小島は東京の団地生活を引き上げ、アジア経済研究所に通い、一家六人で山梨県大月市猿橋町朝日小沢の農山村にしばらく定住した。小沢川の源流の近くで二反の畑地を借り、土日に野良仕事をしながら、五五戸の農山村とその周辺を観察・記録した。農山村に移住して早くも三年後に『経済セミナー』に一年間連載し、大幅に加筆修正して出版されたのが『新山村事情』（一九七九年）である。今は、この朝日小沢の近くの地下にリニアモーターカー実験線が敷設されている。

自作小農の崩壊

小島の記述によれば、朝日小沢の部落は

この部落は桂川に流れ込む沢（小沢川の上流）に沿って小さな田が段々に作られている。…最も広い田で五畝程度。…国道二〇号線まで五キロ、最寄りの（ＪＲ）中央線の（猿橋）駅まで約五・五キロである。海抜でいえば、おそらく五五〇メートルから六〇〇メートルであろう。東京の八王子、立川は通勤圏内である（括弧内、引用者）。

本書は十九章で構成され、前半は戦後の農地改革以降の「自作小農」の生活と農作業、共同水車小屋や精米所を始め、豆腐屋、鍛冶屋、製材所などの地域内自給経済が崩壊する過程を克明に考察・記録している。

それは高度経済成長による「都市の資本主義が自作小農を洗った爪跡」の記録でもある。農山村の崩壊は林業の崩壊をはじめ、六九年の減反政策によって山間棚田の米作りから撤退し、さらに七三年のオイル・ショックの影響で養蚕からも完全に撤退し、野菜栽培も衰退した。こうして農林業からの撤退が農山村の崩壊に拍車を掛けることになった。

さらに農家は堆肥・糞尿・下肥《しもごえ》などの自給肥料を使用せず、有機肥料、化学肥料、過燐酸石灰、油かすなどの販売肥料に依存するようになった。その結果、農家の出費が増加しただけではなく、田畑の地力が低下し、糞尿を直接河川に流出させるという環境問題が発生した。小島は農山村の現場から当時はまだ農業経済学者が未解明の新たな問題を提起した。

食害された野菜はたしかに見かけは悪いが、私は「安心、安全」だと思っている。小松菜、ほうれん草、チンゲンサイなどの葉菜類を収穫し、さらに食害された葉っぱと枯れた葉っぱを慎重に取り除く。見かけの良い葉っぱだけをスーパーや八百屋で買う消費者には理解出来ないだろうが、それは大変面倒な作業なのだ。

今や自給用の野菜作りは露地栽培ではなく、トンネル栽培が一般的となって、保温効果だけではなく、防虫対策にもなる。スーパーで売られている葉菜類は農薬が撒布されているだろう。もっとも、農薬の撒布がすべて悪いのではなく、一定の使用基準があって、その基準から逸脱した野菜は商品市場には出回らないシステムになっているようだ。

自作小農の野菜栽培は多品種少量生産がその特徴であろう。小島の朝日小沢の観察によれば、七六歳の爺ちゃんが約三反歩の田畑を一家八人の自給用に米と野菜類を耕作し、水稲・大豆・ジャガイモなど年間五〇種の品目を栽培していた。天候の影響を受け、危険分散のために、同一作物で二品種以上も栽培し、優に七〇種に近い。だが、古老の自作小農の合理的な農法は伝承されず、農山村の崩壊とともに消滅するのであろう。

都市的生活様式の浸透とその帰結

小島は本書の後半、つまり第一二章から第一六章までの各章に「都市と農村との格差」という副題を付して考察している。高度経済成長の過程で山村における衣食住（物的生活水準）、時間感覚（田舎時間の解消）、人間と動物の交渉

（牛・馬・豚・鶏の飼育から犬・猫などの小動物の飼育＝ペット化）などは都市並みになったが、所得格差構造（都市と農村の賃金差別体系）、「都市資本」による農山村の収奪など農山村の変容を解明し、告発した。

この農山村にも都市化、つまり都市的生活様式が浸透した。自動車、電気冷蔵庫、電気洗濯機、テレビなどの耐久消費財の普及は都市並みになった。ところが、自作小農の「生産」様式を崩壊させ、地元の土木業・建設業に日雇で働き、農家の主婦は村内小工場で働くことで農山村生活を維持する生活様式が一般化した。

すでに指摘したように、この農山村は東京西部の八王子・立川は通勤圏内で、ＪＲ中央線で通勤し、土日か非番の休みを畑仕事にあてることで、都市並みの「生活」状態を充足することが出来た。ところが、一部の農家は次世代の再生産の可能性を失い、高校や大学を卒業し、都市に就職して結婚すると、通勤・通学に不便な農山村を離れ、そのまま都市に定住するようになった。

私が野菜作りのために通う農山村では、最近は跡継ぎの長男は近在の教員、公務員、農協の職員などの手堅い職種に就職し、両親と同居し、退職後に先祖代々の田畑を耕作するケースと、東京圏に勤務し、結婚して、そのまま東京近郊に定住するケースがある。なかには、跡継ぎの長男が両親と同居し、持病があるらしく、「野良仕事は嫌いだ」と言って耕作を放棄するケースもある。両親の死亡後、畑は確実に耕作放棄地になる。その子供たちは畑で野良仕事を手伝い、野菜を作ることはまったくない（ごく最近、農地の宅地転用が認可され、二世帯住宅が建築された）。

二、三年、耕作しないと、雑草が蔓延し、そこで再び耕作するには一年を通して農耕用トラクターで耕し、除草しないと、種を蒔いても、苗を植えても、野菜は雑草に負けてまともに生長しない。耕作放棄地の無残な現状を目の当たりすると、野菜を栽培する意図はなくても、年に数回は、持てあました畑を農耕用トラクターで除草し、不作付け地にしている。

終わりに

七〇年代後半、小島がしばらく定住した山村は地理的には山岳地帯で、実質的には農山村の過疎地に属し、経済的には第二種兼業農家が支配的であると指摘している。その当時、田中内閣によって打ち出された日本列島改造論と研究者の地方再生・地方重視という「地方主義」が横行しているにもかかわらず、いずれも農山村の「生産論」が無視され、「生産基盤の強化」につながらないと、小島は批判した。

その結語として、戦後の農山村は「衰退の歴史を辿れば辿るほどその方策はつかめない」と経済的現状とその将来について悲観的な議論を展開した。しかし小島自身の山村生活は、決して悲観的・否定的だったのではない。経済学者として自己の経済的「直感」を確信させ、都市生活では経験できない自然と労働を一家六人で体験し、それを享受しながら、しかも研究者として農山村の過去と現状を克明に解明した。

都市に生まれ、都市で暮らして退職した私自身、週一回の野良仕事とは言え、農山村で自然と土地に接触して精神的な解放感を覚えた点で、おそらく小島の体験と共有出来たであろう。そして今日の超都市化社会で本読みと物書きの生活に窒息感を覚え、農山村でささやかな安らぎを覚えている。

（二〇一二年五月一〇日、擱筆）

第九章　山下惣一著『農から見た日本』を読む

（清流出版、二〇〇四年）

根菜類のあと始末

野良仕事は相変わらず、素人の域を出ず、しかも一人遊びなので、十分に手間とひまをかけることが出来ない。種を蒔いても水まきや草取りに手が回らず、中耕、土寄せ、間引き、追肥、誘引という作業も手抜きした。夏には雑草が生い茂り、手を焼いている。

今年の春と夏は例によって猛暑だったが、適度に雨に恵まれたためか、近年になく茄子と胡瓜の生りは良かった。畑で胡瓜をもぎ、塩をふって齧ると、香りとうま味があって、最高に甘かった。小玉スイカの出来も良く、中玉ほどに大きくなった。真夏の畑で水分を補給しようとして、熟したスイカに塩をふって齧《かぶ》り付くと、甘みとうま味、香魚《あゆ》に似た特有の香りがした。まさに「旬穫旬食」だ。

例年になく、根菜類のジャガイモと秋の里芋の生りは良かったが、さつま芋は葉が茂り過ぎて、蔓呆けしたためか、収穫した芋は小さくくびれ、不揃で、すぐに腐ってしまった。豊作の里芋は春の食用と、五月に蒔く種芋用に分け、穴を掘って埋けた。ジャガイモは肥料袋に入れて小屋に収納し、食用と春になって植える種芋用として保存した。年を越した種芋のジャガイモは植えると、疫病が発生し易いが、早目に掘り、小芋を新ジャガとして食べるのも一つの楽しみだ。それとは別に、農協から購入した消毒済みの男爵の種芋五キロを植えることにしている。厳寒の今、春の到来が待ち遠しい。

植物の強靭な生命力

これまでモロヘイヤの種を露地に直《じか》に蒔いてきたが、今年は種を蒔き、発芽させ、苗を定植した。その日は炎暑だったので、果たして根付くかどうか心配だった。そこで、根元にたっぷり水を撒いたが、葉が萎れ、一本の分枝は黒ずんで枯れた。私の心配は的中したように思えて慌てた。さらに水を撒くと、葉先から水滴がぽたぽたと落ちてきた。懸命に生きようとするモロヘイヤの強靭な生命力に感動した。ズブの素人の私は野菜の栄養成長と生殖成長の生命力に助けられて、なんとか収穫することが出来るのだと、改めて自然の営みに感銘した。

ところが、露地に直にタネ（地下茎）を植えて失敗したのが、生姜だった。生姜は芽出しが遅く、その周囲に雑草がどんどん生え出した。鎌で雑草に隠れた生姜の小さな芽を欠くことを怖れて、雑草の茂るままにした。生姜のために撒いた肥料は雑草のこやしとなり、雑草が蔓延した。芽の出ない生姜もあり、収穫した生姜も生りが悪かった。雑草の強靭な生命力にも畏れ入った。のちに、野菜作りのテキストで知ったことだが、生姜は日照を嫌い、葉と茎の生えた里芋の日陰に植えると良いそうだ。

野菜作りのテキストを見ると、種を蒔き、芽出しさせてから定植することは、野菜作りの基本なのだと改めて認識した。白菜、キャベツ、ブロッコリーなどの多くの野菜はしっかりした苗に育て、畑に定植する。こんなことに気づかなかったのは、あまりにも迂闊だった。だが、素人の私には新鮮な知見だった。

年々、体力の衰えを感じた。ますますひどくなって、動作は緩慢となり、鍬で土を耕すと、すぐに息が切れた。腰は痛み、足がもつれ、指が攣れた。持病の脊柱管狭窄症が悪化したのか心配になった。それでも野良仕事を止める気にはなれない。自然に接し、その営みを観察し、体感することは此の上ない喜びだ。くたびれたら、小椅子に座り、お茶を飲みながら、近くにせまる四季折々の山々の景色を満喫することは最高に快適だ。だが、すでに詩脈が衰え、俳句を作る気力は無くなった。

野菜よりも雑草の生命力の方が強靭だろう。真夏に耕耘機で除草し、「やれやれ」と安心しても、雑草は二週間後には確実に生えてくる。言うまでもなく、夏の野良仕事は雑草との戦いだ。しかも畑の小石は拾っても拾っても、取り尽くせない。大根の根が土の中の小石に当たったらしく、根元は二股、三股にひねくれていた。ひねくれた真っ白な大根は妙にエロチックだった。

専業農家の喜怒哀楽

本章では専業農家として奮闘し、切り捨て農政に憤慨した六八歳の山下惣一著『農から見た日本』（二〇〇四年）を取りあげる。

惣一は一九三六年、玄海灘辺境の佐賀県唐津市（現）で中規模の自作農の長男として生まれた。新制中学校の卒業後、大学入学資格検定（大検）を目指したが、父に反対されて断念し、しかも二度も家出を繰り返し、ついに二〇歳で家業を継ぐことを決意した。父に徹底的に鍛えられ、みかん、コメ、葉タバコなどの栽培を始めた。

惣一はみかんの専業農家を目指し、新婚の妻とともに山地を開墾し、みかんの苗木を植樹した。そのかたわら、文学作品を耽読し、その後は自らの「農」の体験を小説や雑誌に発表し、『海鳴り』（一九七〇年）で日本農民文学賞、『減反神社』（一九七九年）で地上文学賞を受賞し、農民作家として認められた。「農」の現場から盛んに雑誌や新聞に寄稿し、講演会や対談では専業農家の喜怒哀楽を発言した。

「農」、つまり農業、農村、農民の視点から戦後日本の高度成長期とそれ以降の「農業の切り捨て」と「農業叩き」の農政と世論に抗して、惣一は農林業の衰退、農山村の荒廃、農家の断絶という過酷な現状を告発する著作や随想を続々と発表した。惣一は講演やシンポジウムでは苦悩する農民の一人として苦境におかれた農業の現状を率直に発言し、対話した。

その間、惣一は自ら設立に関与したアジア農民交流センターの代表としてタイ、ブラジル、オーストラリア、ニュージーランド、メキシコ、中国、韓国など世界各地の農業と農村を視察し、現地の農民と率直に意見を交換し、日本の農民の視点から大いに発言し、ルポルタージュを発表した。このように、惣一は行動派の農民作家であり、しかも農政や農協にたいしても無頼漢もどきに酷評する評論家である。

惣一は、海外旅行の当初は日本に農産物を輸出している外国の農業の現状、農業経営者、自作農、農業労働者の生活と考え方に関心があったが、後半は「日本の農業はどうなるのか、どうすればいいのか？」が中心課題になった。その結果、平和と安心・安全な国民生活は自作農の存在と食糧自給率の維持・向上であると確信した。

世界の農村を視察した結果、惣一は日本農業の有利な条件が生産者の近くに多くの消費者がいることを確信した。石塚左玄の弟子たちが提唱した「身土不二《しんどふじ》」という仏教語に感銘を受けた。それは、人間の「身（体）」と「土」は二つではなく、一体だという意味で、「人間は足で歩ける身近なところでとれた旬のものを食べ、生活するのが良い」という思想である。

惣一は「身土不二」の思想を探究し、それを実行すべく、地元の農水産物を地元の消費者が買う「地産地消」「地域自給」のシステム、日本で初めて農協に農産物の直売所を立ち上げ、婦人部会は農産物の加工品を作り、販売することにした。

その後、六八歳の専業農家の惣一はこれまで発表した著作や記録を集大成し、本書の副題のように、農民作家として「遺書」（二〇〇四年）を公刊した。ところが、出版記念会の出席者から一斉に「これで、長生きするんだよなあ」と声が掛かった。惣一はその後も長生きして健筆を揮い、国民皆農を勧める『農業に勝ち負けはいらない』（二〇〇七年）、子供向けに『惣一じいちゃんの知っているかい？・農業のこと』（二〇〇九年）などを刊行している。

みかん専業農家の顚末

山下惣一の父・武雄は三三年間、葉たばこ栽培を続けたが、「臨時葉たばこ生産調整奨励金」（一九八二年）の交付を受け、葉たばこの耕作を一時中止した。すでに触れたように、惣一はみかんの生産に夢と未来を託し、新妻とともに雑木林を伐採し、傾斜地を開墾し、みかんの苗木を植えた。その六年後、みかんを収穫・出荷するようになった。

ところが、一九七二年以降、みかんは消費量が低迷し、生産過剰となって価格が大暴落した。しかも一九八八年、日米農産物交渉で牛肉とオレンジの輸入自由化が決着し、自由化対策として「かんきつ園地再編対策事業」（一九九〇年）が実施された。惣一は補助金の交付を受け、自ら伐採せず、跡継ぎの息子に傾斜地の八反歩のみかんの木を伐採させた。その時「自分の人生を伐った」と感じた。惣一はみかん栽培にかけた夢を失うのはあまりにも無残だった。だが、すでに基盤整備し、軽トラックが入る五反歩（五〇アール）の平坦地に新種のみかんの苗木を植えていた。

戦後の高度経済成長の時代、国民所得が増加し、産業規模が拡大したが、工業と農業の生産性の不均衡、その従事者の生活と所得水準の格差が顕在化した。さらに、コメなどの主要農産物の生産量と消費量が乖離したため、農家の若年層を始め基幹労働力も農外に大量流出した。

惣一自身は親戚や友人から「百姓などアホらしくてやれん。トンネル工事で一日働くと、コメ一俵（玄米六〇キロ分）が稼げるぞ」と盛んに誘われた。農家の存続を願う五八歳の父・武雄は「お前は百姓にはまれ」と言って、最初は一九六七年に秋から春までの半年間、関西方面の宅地造成地に出稼ぎに出た。

武雄は五年間で出稼ぎを止め、山に弁当を持参し、雑木林を伐採して焼却し、そのあとに杉や檜の苗木を植えた。武雄は一年間に一反（一〇アール）以上を植えたが、脳溢血で倒れた妻の看病に疲れ、体調を崩して入院した。退院すると、葉たばこの選別中に脳梗塞で倒れ、その三日後に六八歳で亡くなった。山下家の養子となり、農家の再興を使命と考え、農業を天職と信じ、長男の惣一に農家を継がせ、作業中に倒れた。父の死について、惣一は「この国の百姓衆の絶滅を象徴している」と思われたと言う。

減反政策と「農業叩き」の衝撃

稲作農家に最大のショックを与えたのがコメの生産調整、減反政策の実施である（一九七〇年）。戦後、農業の生産基盤が整備され、農業技術も向上した。ところが、コメの消費量が減少したにもかかわらず、稲作農家は、相変らずコメの「増産、増量」に励み、コメは供給過剰になった。食糧管理制度のもとで政府の買い入れ価格と消費者の売り渡し価格の間で「逆ざや」が生じ、政府の在庫米が急増した。その結果、食管特別会計は巨額な累積赤字をかかえるようになった。

そこで、政府はコメの減反政策、水田を転作し、水田の耕作面積の一割を休耕とし、減反面積を地方公共団体に配分し、市町村は各農家の耕作面積を割り出し、休耕面積を通知した。農家が減反面積を拒否すると、他の農家の割当てが増加する連帯責任制とした。生産単位全体が拒否すると、同じ市町村の生産単位の減反面積が増加する。そのため、農民や単位農協の間で相互に厳しく監視し合うようになった。

大半の米作農家がこの未曾有の減反政策を受け入れたのは、その当初の奨励金の交付と、食糧管理制度の存続、さらに水田を耕作するには農水路を共同の使用と、各農家はいわば稲作共同体で「農村の和」を尊重せざるをえなかった。惣一は減反政策に疑問をいだいたが、山間棚田を休耕とし、一割減反二割増収を目指した。ところが、若い農家の嫁たちは農協のカウンターで「よかったねえ」と互いに言い合っていた。軽トラも入らない山奥の田んぼを休耕にしたために、重労働から解放されると大いに喜んだのである。減反政策に疑問をもつ惣一は複雑な思いで若い嫁たちの会話を聞いた。

一九八〇年代、政府とメディア、さらに世論の間に「日本のコメは高い」「農家は国家に寄生するダニだ」「過保護が農家の自立を阻んでいる」「宅地・住宅難のために、都市農業を安楽死させろ」という「農業叩き」が蔓延した。惣一はすでにコメの減反政策に衝撃を受けたが、衝撃の第二波がこの「農業叩き」である。

「農業叩き」を増長させたのは、農協（その政治組織の農政協議会）は田植えが終わると、全国各地の農民を東京の米価大会に動員し、はちまきを締め、筵旗を掲げて圧力をかけ、生産者米価値上げの「米価闘争」を年中行事のように繰り返した。この「農協の夏祭り」をマスメディアは一斉に報道した。経済大国でありながら、働き蜂で兎小屋に住み、通勤地獄に苦しむ都市サラリーマンは「農業叩き」に共感した。

さらにバブル絶頂期に、中曽根政府は前川レポート（一九八六年）を受け入れ、日本経済の外需依存型から内需主導型への転換を提唱した。農業分野では「農家の選択的拡大」「市場メカニズムの活用」「安い農産物輸入の促進」などの農政の転換に終始した。惣一は政府こそが「農業叩き」の黒幕と断定した。テレビで発言する軽薄な政府の御用学者やジャーナリストに抗弁した惣一は、ただ切歯扼腕した。

食と農をめぐって

ズブの素人の私は野良仕事で収穫した野菜を多摩の自宅に持ち帰り、新鮮な野菜を賞味した。まさに「産地直送」である。農薬を散布しないことにしているため、小松菜、ほうれん草、青梗菜などの葉菜類は害虫に食害され、スーパーマーケットで売られている見栄えの良い野菜ではない。スーパーで買って、食べたことがあるが、旨くて甘みのある野菜を食べたことはめったにない。

近くの農協の直売所に出荷せず、ただ自給用に野菜を作っているのだから、見栄えの良さにはあまり頓着しないことにしている。葉菜類が虫に食害されても、湯搔いたり、油で炒めると、まったく気にならない。私は農薬を散布し、害虫が死ぬ野菜を食べる方が不安だと考えている。私の自給用の野菜作りは、自然と大地への回帰を経験させてくれた。しかも「農」と密接に関係する「食」、つまり食品の安全性と食生活の重要性、飽食と崩食の時代における「食育」が大切だと自覚するようになった。

（二〇一二年二月末、擱筆）

第十章　井上ひさし著、山下惣一編『井上ひさしと考える 日本の農業』を読む

（家の光協会、二〇一三年）

三島由紀夫著『奔馬』の舞台だった

私はJR中央線沿線の自宅の最寄り駅から高尾駅で乗り換え、電車で三十分ほど乗って、最初の無人駅の梁川駅で降り、しばらく歩いて妻の実家に着く。電車で通うのは不便極まりないが、往きは新聞や雑誌を読み、帰りはしばし疲労のために居眠りをする。乗り換えの高尾駅で眠り込み、乗客や駅員に肩を叩かれて起こされたり、往きも帰りもたびたび最寄り駅を乗り過ごすことがある。自家用車で通うのは便利だが、睡眠時無呼吸症のため、それもやむを得ないと諦念している。

山梨県東部の桂川渓谷の右岸（南側）に山々が連なり、左岸（北側）は二段ないし三段の河岸段丘がある。二段の河岸段丘には、いずれも平坦部に家々が密集し、その近くに決して広いとは言えない耕地がある。桂川の左岸の上段と下段の集落は崖に沿って急峻な坂道で繋がっている。私が宿泊する家屋と耕作する畑は上段にあるが、たまたま用事があって、急峻な坂道を下って下段の田畑に出かけた。下段一帯は、すでに触れたように、三島由紀夫が自ら取材し、『豊饒の海』第二巻『奔馬』（新潮文庫、一九七五年）二十二章以下の舞台である。

戦後の食料難の時代、下段の三町歩の平坦地は整然と三十六枚の水田に耕地整理され、桂川の水をポンプで揚水し、

水田の農業用水に利用した。今、見晴しの良い上段から下段の田畑を眺めると、わずか農家二戸が水田六枚の稲作を終了したらしく、黒い土の田圃の傍に長い一列の稲架《はざ》と短い四列の稲架があった。田圃、畑地のほか、草木の生えた耕作放棄地となっていた。そこで農作業をしたことがある村人の話では、桂川の渓谷沿いの西側一帯は崖崩れを予防するために、真竹が植栽され、今や密生した竹藪となっている。それに隣接する東側の田畑には真竹の地下茎がはびこり、春になると、大量にタケノコが生え、当初は食べ切れない程、収穫出来た。その一帯は真竹に覆われ、もはや耕作不能となり、荒地となっている。

過疎化する集落

以前、下段の古くからの耕作放棄地を数人の村人が自然に生えた木を切り、伸びたきった雑草を刈ったところ、イノシシの寝床があったのには驚いたという。イノシシは、背中についたノミ・ダニなどの寄生虫を取り除くため、水田に入り込み、寝転がって背中を土壌にこすり付け、田圃を荒らす。夜間には害獣の野ねずみは当然として、狸、ハクビシン、貂《てん》などが出没し、農作物に被害を与える。最近は数頭の鹿が田畑の柵外に出没するのを見かけるようになったという。

この集落は、大小の人家が密集している。ドアや窓ガラスが破れた空き家、屋根も朽ちた木造のあばら家、建築用の朽ちた材木や錆びた鋼材と鋼板が放置された二階建てのコンクリート製の資材置き場、スクラップとして放棄された廃車が数台、おそらく使用不能な農用トラクターなどが乱雑に放置された空地などがとくに目立った。かつて広い敷地の農家一軒が炎上したことがある。その日の夕方は無風で、消防署への通告も早く、しかも近くに住む元消防署員の村人が大木に登り、様子を見に来た村人に火の粉の消火を指示した結果、近隣への延焼は免れた。もし、密集した集落の一軒の廃屋に火がつき、強風に煽られたら、この一帯は延焼するかもしれない。

　この集落では幼児の姿をまったく見かけず、見かけたのは、農道や庭で談笑する高齢者、黙々と農作業をする高齢者だけだった。その高齢者はおそらく自作地を耕作しているのであろう。借地の場合、耕作者がさらに高齢化し、貸し主（地主）に耕地を返せば、いずれ荒地になるだろう。なぜなら、すでに貸し主が耕作不能のために、耕地を貸したのだから、貸し主が再び耕作することはない。そうなれば、耕地に雑草が茂り、荒地となり、そのうち低木も生え、将来は原野に戻るだろう。私はこの都市通勤圏の山狭村の梁川を、陶淵明のように「帰りなんいざ」（帰去来兮）、「なんぞ帰らざる」という「回帰」の恩念はさらさらない。死亡率よりも出生率が少ない「自然減」、閑散とした農山村の集落に直面して、「田園まさに蕪《あ》れなんとす」（田園将蕪）という農山村の過酷な現実を実感した。

里芋と薩摩芋

秋、畑の土にうめた里芋を春になって掘り返した。レーキでかまぼこ状に高畝を作り、高畝の真ん中を鍬で溝を作り、その溝に種芋を植え、その周囲に有機肥料と化成肥料を撒き、溝を埋めた。その上を雑草予防に黒マルチフィルムで覆った。その後、種芋は発芽して生長し、マルチフィルムがテントを張るような状態になったので、その中心部を鋏で切って若芽を地表に出させた。

幼い里芋の生長の様子を見て、余計な茎を引き抜き、太目の茎を一本だけ残して芋欠きした。妻が畝間一面に古いござを敷いた。そのため、猛暑の面倒な除草が不要になっただけではなく、水分の蒸発を防いだようだ。空梅雨と日照りの真夏のため、近くの畑の里芋の葉身の一部が枯れたが、我が里芋は大きめの青々とした葉身と太い葉柄に生長した。村人から「おたくの里芋は威勢がいいね」と言われ、自ら得心した。

晩秋、里芋の葉が枯れ出す前に、葉柄を包丁で切り離し、マルチフィルムを剝いでシャベルで株の土塊を掘り返した。株には親芋に子芋、孫芋がついていた。土が付着した塊状の里芋を割った。小椅子に座り、小さい子芋と孫芋を取り除き、食用の子芋についたひげ状の小さな根と皮を鋏と手で切り取った。この作業は意外に手間がかかった。

この里芋は土垂《どた》れと言い、もっぱら子芋を煮物や汁物として食べ、親芋は土中に埋け、翌春に掘り出して種芋に使う。葉柄が赤みを帯び、芽が赤いセルベス（赤芽芋）は親芋だけが大きくなったが、子芋と孫芋は大きくならず、とても食用には向かない。すべての里芋を掘り出した後、年内の食用の里芋は乾かして畑の小屋で保管した。

総じて、今年の里芋は作り過ぎて、しかも豊作だった。畑小屋には収納できず、近くの郵便局から友人・親類にゆうパックで郵送し、さらに自宅に持ち帰り、近所迷惑を承知して奥さん方にあげた。ある奥さんには、俳句の同人誌を主宰する夫に伝言してもらい、里芋のお返しに一句を頂いた。

たまはりし里芋やはらかき夕餉　久一

毎年五月、通信販売で薩摩芋（ベニアズマ）の苗（刺し穂という）が届く。里芋と同じく、かまぼこ状に高畝を作り、マルチフィルムを覆った高畝の中央付近に刺し穂を船底のような形にして植えた。今年は刺し穂三十本を買って植え、その上に不織布をベタ掛け（「地べたに掛ける」という意味）にした。生長した下の二本目の蔓を鋏で切り離し、もう一つの高畝に植えてみた。中南米原産の薩摩芋は猛暑に適しているのか、順調以上に葉と蔓が生長したのか、試しに掘ってみた。ところが、小さな芋が大勢を占め、たまに大きな芋が掘れ、サイズは大・中・小と不揃いだった。

薩摩芋は寒さに弱く、霜が降りる以前に収穫を終える。ところが、季節外の台風の襲来で、思うように畑仕事はできなかった。本格的に掘ったのは、十月下旬と十一月上旬だったが、ちびた芋が多く、たまにスーパーの店頭に陳列されているような立派な芋を収穫することが出来た。葉と蔓ばかりが茂り、地中の芋が太らない「蔓ぼけ」のようだった。窒素肥料の油粕が残っていると、「蔓ぼけ」になる。この春、畝作りをした時、油粕を撒いた記憶はない。前作の肥料が大量に残っていたことがその原因だろうか。いずれにせよ、今年もまた薩摩芋の栽培に失敗した。収穫した芋をアルミホイルに包んでたき火に放りこみ、孫と一緒に焼き芋を食べることを楽しみにしていたが、今年の晩秋もまた実現しなかった。

白菜、小松菜、ほうれん草

昵懇《じっこん》の村人から余った白菜の苗二十五本を貰った。早速、畝を作り、有機肥料を撒いて黒い穴あきマルチフィルムで覆って適当に株間を計って苗を植えた。さらに防虫のためにダンポールというガラス繊維強化プラスチックの棒を畝の上に半円形に骨組みして、その上に長繊維不織布で覆ってトンネルにして栽培しようとした。ところが、不織布の横幅が短くて覆い切れなかった。そこで、ダンポールを外して不織布を畝に緩みを持たせてベタ掛けにした。

その後、苗を分けてもらった村人がわざわざ畑に来て、マルチの小さな穴が白菜の生長の妨げとなり、しかも植えた白菜の株と株の間が狭すぎるという注意を受けた。私は収穫直前の結球した白菜をイメージして苗を植えた。茎と葉は大きく広げて生長した後、中心部の葉菜と広がった葉菜を一部巻き込んで結球する。葉菜が大きく広がるのに、妨げになるような狭い苗の植え方は良くないということだった。もう一人の村人は畑の柵越しに苗の株間の距離を実演して見せてくれた。股を開き、左右の長靴を直線にした長さが白菜の株間だと言う。そこで、結球以前の白菜を間引きし、湯掻いて食べることにした。医食同源と考え、利尿作用や整腸作用を期待して食べたが、白菜特有の甘味と食感に欠けていた。

白菜、キャベツ、小松菜、水菜、チンゲンサイ、そしてほうれん草などの葉菜類は、およそ一年じゅう店頭に陳列されている。露地栽培では「春蒔きで春夏取り」よりも、「秋蒔きで秋冬取り」の葉菜類がはるかに美味い。アブラナ科の小松菜は葉を虫害されてボロボロになって、茎だけが残った。その点、アカザ科のほうれん草は虫害されず、冬の寒さでますます甘味が増すので大変有難い野菜だが、買った種が消毒済みで緑色にコーティングされていた。それを蒔いたので、毒性があるのか、ないのか心配になった。別の小松菜はめきめき生長し、収穫の時期を逸し、茎は硬くてとても食べられる状態ではない。

総じて、収穫した白菜は十分に結球しなかった。今年の白菜は茎に甘味が足りない。それは肥料が不足したためか、苗を密植したためか分からない。例年、成熟した白菜を収穫して食べるか、結球した白菜を新聞紙に包んで畑に放置し、越冬させて初春に枯れた部分を取り除いて食べる。今後、気候変動のラニーニャ現象（反エルニーニョ現象）によって、厳冬の到来が予想される。そのためか、村人は例年とは異なり、保存用の白菜を早めに収穫して小屋に古い毛布を被せて収納している。私もそのアドバイスに従い、白菜の半分を収穫して小屋に収納した。あとの半分をはそのまま畑におき、新聞紙で包んだ。リスクを分散させて、様子を見ることにした。

ふかいことをたのしむ

私は、ときに農業経済学関係の学術書を読むことがある。だが、農学者の守田志郎を除き、最後まで読み通すことは出来なかった。私に辛抱が足りない、基礎的な知識に欠けていると言われれば、それまでだ。

著名な作家・劇作家の井上ひさし（一九三四―二〇一〇年）は「創作の原点」として「むずかしいことをやさしく、やさしいことをふかく、ふかいことをおもしろく」書くことを信条としている。そのように書かれていたら、私は農業経済学関係の学術書を読み通すことが出来ただろう。井上ひさしの『井上ひさしコメの講座』（岩波ブックレット、一九八九年）、『続・井上ひさしのコメの講座』（岩波ブックレット、一九九一年）、さらに『コメの話』（新潮文庫、一九九二年）、『どうしてもコメの話』（新潮文庫、一九九三年）は「おもしろく」読むことが出来た。

「どうしてもコメの話」は『小説新潮』に掲載し、それ以降は「またまたコメの話」、「やっぱりコメの話」、「しつこいようですがコメの話」、「とにもかくにもコメの話」、「愚者《こけ》の一心コメの話」、「やむにやまれずコメの話」などと連載して、文庫本に収録され、コメなどの農作物の輸入自由化を軽快に批判した。

周知のように、超多忙で筆の遅い作家・劇作家の井上が発表した作品は一作ごとに注目され、小説では直木賞や読売文学賞などの文学賞を受賞し、また戯曲が上演されると、岸田國士戯曲賞、紀伊国屋演劇賞個人賞などを受賞した。とくに、ベストセラーとなった井上の長編小説『吉里吉里人』（新潮社、一九八一年）は、東北地方の一寒村を舞台に日本政府の農業政策にたいする不満から分離独立して新政府を樹立することを主軸にして展開された。このままでは日本の農村が壊滅すると予見し、「現代版の農民一揆」の物語として執筆された。一九八六年頃から、井上は、すでに触れたように、その「後遺症」としてコメを中心に農業問題について精力的に発言し、執筆するようになった。

井上の郷里は山形県置賜盆地の水田単作地帯の小松町（現、川西町）で、晩年になって蔵書七万冊を寄贈し、川西町当局の厚遇を得て図書館「遅筆堂」を開館した（その後、寄贈した書籍は二〇万冊に達した）。それを契機に地元の青年たちの熱心な支援を受け、当地でこまつ座主催「きらめく星座―昭和オデオン堂物語」（「昭和庶民伝」三部作の第一作）を公演し、大盛況だったと言う（一九九五年十月）。さらに、こまつ座主催の生活者大学校「農業講座」を開催した（一九八八年八月、第一回講演「井上ひさしのコメ講座」）。以後、大学校は毎年一回、「宮沢賢治農民ユートピア講座」、「地球と農業」、「続・農業講座」などをテーマにして開催された。毎年、三日間の連続講座では、生活者の視点で自己の暮らしを見直すことを重点におき、コメを中心に直面する農業問題などをテーマにした。

テーマの焦点は主食のコメ

一九六一年六月、農業基本法が成立・公布された。井上はそれを読み、「コメはもう厄介者扱いにされているな」と直感した。その前年に改定された日米安保条約の第二条「経済協力条項」は、アメリカの軍事協力の代償として、日本に経済協力を義務づけ、農産物などの市場開放を求めた。その条項により農業大国のアメリカの要求で大豆、とうもろこしなど農産物の輸入自由化が促進されただけではなく、その後の日本の農業・食糧政策に決定的な影響を与えたのである。

農業基本法は日本経済の著しい発展に伴い、商・工業と農業の不均衡、生産性と生活水準の格差、農村からの労働力の移動を促進した。岸信介首相の退陣の後、池田勇人が内閣を組閣して「所得倍増計画」を提唱し、本格的に高度成長政策が軌道に乗った。それを実現するには、日本は国際的に貿易を自由化し、工業製品の輸出と農産物の輸入の促進、国内的には農村から工場生産に必要な低賃金の労働力を調達し、農業生産の「選択的拡大」（他方では、「選択的縮小」を意味する）、農業労働の生産性の向上と自立経営農家の育成を目標にした。

その結果、小規模な家族的複合農業が衰退し、堆肥などの自給的肥料から化学肥料などの販売肥料へと転換し、農薬の散布、大型農業機械の導入、経営規模の拡大、重点的に特化した単一作物の農業生産、さらに工業型大規模畜産農業と輸入穀物飼料への依存などが常態化した。このいわゆる「農業近代化」によって農畜産業は激変し、さらに林業も衰退し、後継者難と人口減少によって農山村は大きく変容し、遊休農地と耕作放棄地が増加し、とくに都市遠隔の農山村では廃村八丁に至る過疎地帯が現出した。

すでに、九州北部の玄界灘（佐賀県）の農民作家の山下惣一著『農から見た日本』（二〇〇四年）を取り上げたが、山下は一九六九年以降の減反政策（稲作転換政策の実施）に続き、「農業叩き」（八三年の第二次臨時行政調査会最終答申や国際協調のための経済構造調整研究会報告書、いわゆる前川レポートによる農産物の高価格への非難）について批判した。のちに、山下は山形県川西町で生活者大学校「農業講座」の初回講座の講師に招聘されたのを契機に教頭に就任し、主宰者の井上とともに農業問題を中心に年一回の連続講座の常任講師となった。

農業評論のスタート

一九八六（昭和六一）年、前川レポートに続き、ウルグアイ・ラウンドと呼ばれるガット（GATT、関税および貿易に関する一般協定）の多角的貿易交渉が開始された。それを契機に、井上はコメを中心に農業問題について本格的に発言するようになった。その翌々年の八八年、山形県川西町で遅筆堂文庫の第一回生活者大学校「農業講座」で講演したのを皮切りに（のちに、加筆・再構成され、『井上ひさしのコメ講座』岩波ブックレットとして出版）、農業問題について本格的かつ精力的に講演し、雑誌・新聞に寄稿した。そのため、一九九八年、岩手大学と岩手県農協労働組合が制定した（第九回）農民文化賞を受賞した。井上はそれを記念して「ボローニャに学ぶ自治の讃歌」を講演している。

農業について、井上が強調したのは（一）水田稲作が日本の地形や気象に非常に合致し、（二）このような地域資源を有効に活用することが今後の日本の、さらに世界の課題であり、（三）そのためにも、水田や田園で生きる人々に所得を保障されるべきだという三点である（『どうしてもコメの話』、まえがき）。世界の食糧生産は定期的に豊作と凶作を繰り返し、日本人の主食のコメの国際的市場価格は、小麦と大きく異なり、上下の変動が激しい。井上は、米価が暴騰した時に、「たとえ日本だけは、お金の力にまかせて高いコメを買えたとしても、そのことでコメの国際価格が上がったら、他の第三世界の輸入国などは、いったいどうなってしまうのか」と懸念している。

井上は、コメは栄養価が高いだけではなく、アンパン一個が百二十円の時、三・八人の家族の一日のコメ代が二百四円で、主食のコメは本当に安いと指摘した（一九八六年の総理府資料）。さらにアジア・モンスーン地帯の日本の水田は稲作が連作可能だけではなく、食糧問題の他に水を貯める「ダム効果」や地下水の涵養、国土や生態系の環境保全など「目に見えない効果」があると指摘している。コメを栽培する水田は日本の食糧安全保障や環境保全の問題として重要であって、「効率性」や「市場性」の観点だけで評価されるべきではない。むしろ、より積極的に水田や田園を耕作する農民に所得保障すべきだというのである。

井上は、農業大国・アメリカは農産物の輸出戦略を採用している。とくに一九七三年の食糧危機の時、アメリカは「ニクソン戦略」のもとで、第一段階として大豆、小麦、トウモロコシなどを低価格で輸出し、援助物資として食糧不足の国々に搬出する。第二段階として二国間交渉で農産物輸入の「自由貿易」を強要して相手国に関税を撤廃させ、輸入に一方的に依存させる。さらに第三段階として相手国に大量輸入と作付け制限などをさせて、輸入した農産物の価格を一方的に引き上げる、と指摘している。このようにして、アメリカの食糧戦略は世界的に拡大した。

井上は、日本は小麦や大豆、トウモロコシがアメリカの食糧戦略に「すっかりやられ」(注、ちなみに二〇〇七年の日本の穀物自給率は二八%)、コメは第一段階から第二段階への移行期である、と指摘している(一九八八年八月)。その後、ウルグアイ・ラウンドの多国間農業交渉で、日本はコメの関税化を免れる代わりに、コメ市場の部分開放、つまりミニマムアクセスによるコメの輸入が義務づけられ、コメの輸入が始まり、次第に輸入枠が拡大した(一九九五年)。

貧困大国アメリカの農業事情

二〇一〇(平成二二)年四月、井上は永眠した(享年七五歳)。その三年後、生活者大学校の教頭・山下惣一は井上の農業や食料問題についてのエッセー・講演録・対談を編集して『井上ひさしと考える 日本の農業』(家の光協会)を出版した。私は本書でとくに注目したいのは第二章に収録された「対談 いま問い直す 何のための自由化か」である(一九九〇年)。生前、井上は在日アメリカ公使・農務担当(当時)のジェームズ・パーカーと白熱した対談を行っている。私は、なぜ、井上が執拗にアメリカのコメの貿易自由化の要求に反対しているのか、無知な私はなかなか理解できなかった。だが、堤未果のルポルタージュ『㈱貧困大国アメリカ』(岩波新書、二〇一三年)、とくに第一章「株式会社奴隷農場」、第二章「巨大な食品ピラミッド」、第三章「GM種子で世界を支配する」を読み、アメリカにおける食と農業の実態を理解した。

それは、例えば、アメリカのジャンクフードや糖分の高い炭酸飲料、栄養のない加工食品、塩と油で揚げたスナック菓子を始め、ぎゅう詰めの鶏舎で産卵させる鶏卵、成長促進剤を注射された養鶏工場の鶏、同様にコンクリートで囲まれた家畜工場で飼育された牛と豚、しかも遺伝子組み換え（ＧＭ）種子とそれとセットで売られる除草剤の撒布で栽培されたトウモロコシや大豆などの食と農業の世界が紹介されている。

さらに最大手のスーパーマーケット・ウォルマートなどの四社の食品販売会社に従属する全米四大食品生産業者（タイソン、クラフトフーズ、ゼネラルフーズ、ディーンフーズ）や食品加工業界（ペプシコ、ネスレなど）の上位三社とアグリビジネス（農業関連産業）を含む巨大多国籍企業、それを促進させる連邦政府の独占禁止法の規制緩和と、異なる企業の提携・合併・買収という垂直統合で稼ぎ、巨大資金を融資する金融業界が食と農業を支配した。

その上、食糧を「最強の外交武器」として石油に次いで新たな農業戦略とするアメリカ連邦政府は、利害関係者が政府と業界大手の幹部や農業系ロビイストの間を往復する「回転ドア」人事によって国内のみならず、世界を支配する。そのことで、モンサント社を始めＧＭ種子や農薬を製造する多国籍企業、抗生物質を製造する多国籍企業の役職者が連邦政府の高官として危険性の研究を咀止し、製造禁止を妨害する。

しかも福島の原発で明らかにされたように、アメリカでは政府や業界は科学者やメディア、広告業界を推進派として抱き込み、農産物の「安全性神話」を合唱させ、世論を巧みに誘導する。伝統的な家族的農家を廃業に追い込み、ワーキングプアーや移民労働者を低賃金で就労させる大規模農業が安価な農産物を生産し、国内で消費するだけではなく、多国籍企業によって国外に大量に輸出しているのである。

ガット・ウルグアイ・ラウンドで日本政府はコメを除き、農産物の自由化を認め、農産物四〇％の輸入大国となった。パーカーとの対談で、井上はアメリカが補助金付きで生産した農産物を安く輸出し、しかも二国間交渉では相手国にブラフ（脅し）をかけ、多国間交渉では農畜産物の関税障壁と補助金交付の撤廃、輸出入の貿易自由化と市場開放という、アメリカの二元的外交姿勢を批判した。

さらに、井上は自動車などの工業と工業製品と、自国民の食糧を安全に保障し、異なる国土の気候や地域特性（地形）というの自然環境を維持・保全する農業と農産物（とくに、日本では稲作は主に小規模複合農業によって成立する）を切り離すべきだと主張した。「平成の開国」と称するＴＰＰ（環太平洋経済連携協定）が成立したら、日本農業はさらに衰退し、食料自給率もさらに低下するに違いない。しかも全国的に「田園まさに蕪れなんとす」、国土と生態系はますます惨状を呈するであろう。

農業の将来は

私は山梨県東部の桂川の河岸丘陵の上段にある畑に通い、野菜作りに励んでいる。この一帯を「原」と言い、山狭村のなかでも平らで比較的広い土地だからそのように名づけられたのであろう。そこでは高齢の年金生活者がのんびりと自給用に野菜作りをしている。古くからの農家には役牛が飼われたらしい朽ちた小屋があるが、すでに牛は飼われていない。また平飼いの鶏さえも見かけない。その代り、農家の庭に駐車している乗用車と軽トラの二台の自動車を必ず見かける。農村も大きく変わり、しかも都市的生活様式とあまり変わりがない。

村人の間ではしばしば肥料と農薬の使用が話題になる。里山から枯葉や落葉を取り、米ぬかなどを混ぜて、発酵・腐食させた堆肥を作って、畑に撒いて肥料とするが、その作業は手間がかかり、あまり見かけない。むしろ、農協から購入した有機肥料を畑に撒き、耕耘機で畑を耕すのを良く見かける。一代交配種やＧＭ種子の是非について話題になることはめったにない。なぜなら、出来が良く美味い野菜の種（固定種という）を採り、時期がくれば、その種を畑に蒔くことにしているからである。

ただ、採種するには時間と技術が必要なため、私は採種して種を蒔いたり、その種から苗を育てて畑に植えたことはない。冬と夏、野菜の種と苗の多くを種苗専門会社の通信販売で購入してきた。そのため、それがこの畑に最適な種か苗かどうか分からない。畑を熟知している村人は自ら苦労して苗を育て、適期に収穫した最も美味い野菜を食味していると思うと、誠に羨ましい。都市生活者には便利なことだが、スーパーマーケットなどで季節はずれの野菜を買うことが出来る。それが野菜の本当の味かどうか、知らないで食べているのは誠に残念だ。

GM種子の播植、除草剤の撒布、ポスト・ハーベストの使用などの輸入農産物、過密で非衛生で成長剤や抗生物質が多用された多頭飼育、しかも乱雑に効率的に食肉処理された輸入畜産物、便利で安価だが、安全性の未確認で栄養的に問題のある加工食品などを常食すれば、将来的に健康面でどうなるのか不安になる。日本が輸入農産物に大きく依存している現状に鑑み、井上は「アメリカと手を組んでなにかやるときも、あそこから食糧を売ってもらっているからということでは、ほんとうの自由は生まれてこない」と警告している（一九九一年）。

ウルグアイ・ラウンドの多角間貿易交渉、とくに農業交渉では農産物の関税化を含む保護削減が合意された。すでに触れたように、日本はコメの関税化を例外として認められ、その代償としてミニマムアクセスによってコメを輸入することになった。その結果、一九九五年の約三八万トンから二〇〇〇年には約七七万トンと輸入米が増加し、日本国内のコメ価格の低迷に直結した。井上は「コメの自由化」に徹底的に反対した。そのことは、現在交渉中だが、TPPの合意による農産物の輸入の動向を予見し、反論したように思われてならない。

故郷で「生活者大学校」開講の講演をする井上ひさし。
出典：『井上ひさしのコメ講座』（岩波ブックレット、1989年）

第十一章　金子勝編『食から立て直す旅―大地発の地域再生―』（岩波書店、二〇〇七年）を読む

「あれじゃあ、畑をダメにする」

定年退職を契機に山梨県東部の桂川沿いにある妻の実家の七畝の畑で野菜作りを始めた。それ以前、老いた義母は東京多摩地区の私の自宅、病院や介護施設で過した。その間、妻の実家の近くの古老に義母の畑の耕作を委託した。義母の死後、畑を返して貰い、私が耕作することにした。ところが、周囲の畑は雑草が繁茂し、不耕作地や不作付地が目に付くのに、その古老から「あれじゃあ、畑をダメにする」と盛んに影口を叩たかれた。それは「素人には委せられらないので、その畑を続けさせろ」と、ほとんど自前の耕地をもたない古老がこの畑でタダで耕作したいというのが本音だろう。その古老もすでに死んでしまった。

この「寒い春」のため、種を蒔いた葉菜類は一向に発芽しない。発芽しても十分に成育しなかった。冬越しの果菜類のエンドウと空豆は貧弱な莢と豆を収穫すること出来た。ただ、天候が一変し、春に種を蒔いた亜熱帯・熱帯原産のナス、カボチャ、ミニトマトは酷暑のため、生《な》りが良かった。だが、夏は酷暑と日照り（水不足）のため、害虫のアブラムシやテントウムシダマシが異常に発生し、葉菜類は虫喰いだらけになった。その後、寒さのために、秋冬野菜の種を蒔いても出芽せず、しかも白菜の苗は害虫に食害され、キャベツは結球せず、総じて不作だった。

酷暑の炎天下で、もう少しと欲をかいて野良仕事を続けたところ、めまい、頭痛、吐き気がして、軽い熱中症の症状を感じた。その夜、足がケイレンし、何度も目を覚ました。午前中は起き上がれず、畑で作業しても疲れ易く、動作は緩慢になり、倦怠感を感じ、何ごとにも集中できなかった。

腰部の脊柱管に持病のある私は、歩くと腰に劇痛と足に麻痺を感じた。竹籠を背負い、夜道を一人トボトボと歩く姿は、我が人生の帰り道を物語っているようだ。今年の気候は野菜作りには最悪だったが、私が畑の地力を衰弱させ、「畑をダメにする」という村の古老の予言が的中したのかも知れない。

早速、地力を回復するため、妻の提案で隣駅の近くの農協の販売所で米ぬかを大量に購入し、それを撒いて耕耘機でうねった。果たして、地力が回復するかどうか、分からない。私は、それ以上に体力的・精神的に野良仕事を続けられるかどうか、不安になった。

見栄えの悪い野菜

野良仕事ではその日のノルマを課し、身体を酷使する必要はまったくない。しかも一人で気楽に趣味と健康のために遊ぶ野良仕事だから、別に他人とのチームワークが求められる共同作業でもない。肉体的・精神的な老化をますます自覚するようになったが、今年もまたこれまで通りの晴耕雨読の生活を続けることにした。これまでもそうだったが、迷惑なことは、口やかましい地主の妻が何々の種を蒔け、苗を植えろ、雑草を取れ、料理して、食べてこれは肥料が足らないとずぶの素人の作男の私にあれこれと口先で注文することである。「それなら、自分でやったら」と言い返そうと思ったが、ただの作男のわが身を考え、口を閉ざすことにした。婦唱夫随とはこのことだろう。

野菜に限らず、一般に生物は自然条件のもとで自己保存と種族維持の本能に支配されている。それを巧みに利用するのが玄人の耕作者だろう。だが、素人の私は、懸命に生きる野菜の本能に助けられ、何とか自給用に野菜を収穫することが出来た。これこそ野菜の本当の自然の恵みというものだ。

もっとも、スーパー・マーケットに陳列されている見栄えの良い野菜と比較すると、私が収穫した野菜はいずれも不揃いだが、旨みと甘みと香りがある。そして露地ものだから、すぐに料理すれば、食卓は甘みと香りのある野菜で季節感に溢れる。この初物を食べ、これで寿命が七十五日生き延びると思うと、何故か嬉しくなる。

衰退するコミュニティ

近隣の耕地を観察していると、耕地の規模は耕作者の家系に由来することに気付いた。原野を開拓した草分け百姓の家系の後継者の耕地は広い。私は、遺産相続した妻に頼まれ、土地の境界と道路と地積を測量する国土調査に立ち合ったことがある。そこで推測したことは、草分け百姓数軒が談合し、特徴的な小高い頂きを基準点にして平坦地に向かって土地の境界と所有地を合意したのであろう。その境界に植樹した。その後、分家・孫分家に土地を与え、来住定着者が土地を購入し、家屋を建て、耕地を購入した結果、草分け百姓の所有地は細分化されたのであろう。

廃校となった中学校の校舎は久しく放置され、窓ガラスは割れ、廊下や教室も悲惨な状態だった。小雪の降る寒い日、教室を利用して、学園ものの幽霊映画を撮影していた。幽霊映画には格好のロケーションだったのであろう。すでに触れたように、国から補助金が交付されると、当の自治体は直ちに校舎、講堂兼体育館、プールをすべて解体し、在学した生徒の思い出深い桜並木の老木もブルドーザーで生木を剝ぐように倒木された。

何故、倒木する必要があったのか。卒業生に限らず、おそらく住民は納得していないであろう。ただ、余所者の私が理解出来ないのは、この旧校庭でゲートボールに興じる村人が先頭に立って、桜の木を植樹しようとする発想と動きはまったくないように見えることである。今、広い跡地に砂が撒かれ、整地されたその一角で高齢者が中心となって晴と曇りの毎日、午前と午後の二時間、ほんの数名がゲートボールに打ち興じている。

だが、私は旧校庭の近くの農道を歩きながら、この光景を複雑な気持で眺めている。耕地のある高齢者はもっぱら野良仕事に精を出し、ゲートボールに興じる余裕などさらさらない。跡継ぎに野良仕事を任せ、隠居した高齢者か、耕地のない年金生活者がゲートボールに興じている。だが、年ごとに一人、二人と常連のメンバーを見かけなくなる。

少子化の結果、小学校は児童の父母のアンケート調査を尊重し、廃校にしたそうだ。今から三十数年前、自治体は郵便貯金や簡易保険などから融資を受け、村人全員の喧喧諤諤の議論の結果（すでに少子化の兆候が見られた）、立派な小学校を新設した。すでに国道沿いの雑貨屋や、子供相手の駄菓子屋も軒並み閉店し、シャッターを下ろしていた。さらに国道沿いの民家は櫛の歯が欠けたように、雨戸を閉じた空家が目立つようになった。

私が畑で野良仕事をしていると、昼休みに小学校の児童がアナウンスする校内放送が聞こえた。さらにチリンチリンと猪か熊除けの鈴を鳴らし、集団で下校する長閑な光景は、もはや記憶の世界となった（今、この小学校の校舎と校地を借り、独自のカリキュラムで私立高等学校が開設されたが、依然として少人数の学校である）。

作柄は農作物の収量を言うが、作柄に限らず、耕作状態を観察すると、耕作者の人柄、つまり生活や性格を如実に反映しているように思われる。几帳面な人の畑は清潔で整然と農作物が育ち、余計な雑草など生えていない。毎年繰り返すことだが、アバウトな性格の私は春の種蒔きと苗の植えつけを優先し、草取りを適当に切り上げてしまうので、夏の草取りには大いに往生している。

都市に生まれ、都市で暮らした私は、最初は軽い気持で健康と趣味のために野菜作りを始めたが、次第に自然とその不可思議な営みに魅了された。だが、この地の少子高齢化、絶えず増大する耕作放棄地と不作付地の農村社会の現状、さらに農村の都市化した多様な生活様式の一端を見聞した。そこで、農山村が当面する問題とそれに対処する農業と農民を理解しようと思い、『金子勝の食から立て直す旅――大地発の地域再生――』（岩波書店、二〇〇七年）を書架から取り出し、「雨読」することにした。

食からの出発

慶応義塾大学教授の金子勝は経済・財政の専門家だが、農業経済の専門家ではない。食料自給率や「食」の安全保障が問われる現在、農山村の少子高齢化や過疎化が深刻化し、農山村のコミュニティは確実に崩壊している。金子は、二〇〇六年に毎月一回、都市の「中心」ではなく、農山村の「周辺」、北海道十勝の他、宮崎県都農町から、本州の秋田市下浜羽川など七ヶ所の農山村を訪問し、その結果を『週刊金曜日』や『月刊ＪＡ』にルポルタージュを掲載した。それが本書の第二章「大地からの地域再生［ルポ編］」に収録されている。

金子は挙家離村の一例として中国山地の広島県作木村（現在、三次《みよし》市に合併）を紹介している。私は広島女子大学（公立）に在職中に経済企画庁の企画で、作木村を含む、周辺三か村のパイロット計画「集落再編事業」調査委員会のメンバーとして調査に参加したことがある。石油へのエネルギー革命によって、山村で生産された薪炭は不要となった。豪雪地帯の作木村は、僅かな耕地と豊かな薪炭林で暮らしてきた。江《ごう》の川の氾濫で被災した作木村の過疎対策の目玉は、豪雪に見舞われる奥地の集落から集団移住し、平地の集合住宅に住み、根雪が消えると、山奥の畑に通うというパイロット計画の実現可能性についてだった。

金子は、作木村の江の川沿いの岡三渕という一番奥の集落を訪ねたところ、大きな庄屋の家屋は崩れ落ち、荒れ果てた家屋が散在し、集落は挙家離村、廃村八丁となっていた。ところが、寒暖差の激しい三次盆地の棚田は、大規模耕作に不適で、農機具の使用効率も悪い。耕作に不利な条件を逆手にとり、水田に自家製の完熟堆肥を撒いた結果、ブランド米の南魚沼産コシヒカリに負けない、美味しい「三次米」の生産に成功している。ただ、その収量は限られているため、限られた地域にのみ知られたブランド米に止まる（一二六頁）。

金子が取材した農山村は、広大な耕地の北海道を別にして、中山間地域である。北海道の大規模農業は、国際的な価格競争に伍して生き残るため、独自の方策を懸命に模索している。ところが、中山間地域は耕作規模の拡大、大型機械の使用はなかなか難しい。

都市僻遠の中山間地域の農業

都市僻遠の中山間地域の農家は、生き残るための知恵と工夫と組織的な活動によって、不利な立地条件を克服し、有利な条件に変えて、地域の再生が可能になる。厳寒の北海道和寒町では収穫したキャベツを地面に敷き詰め、雪の下に寝かせる。出荷時期の遅い「越冬キャベツ」は甘みが加わり、高値で売れる。

このように、「越冬キャベツ」をはじめ、料理屋で刺身や汁の「つま」(添え物)の紅葉・南天葉・笹葉などをパック詰めして出荷する農協独自の「つま物ビジネス」(徳島県上勝町)で成功し、高齢者の山村地域を再生した。その鍵は都市消費者の多種多様なニーズに応じ、地域資源に着目し、一般的なニーズの「すきま」に特化した「ニッチな農作物」を組織的に供給したことだろう。

ところが、その成功例を見て、そのモデルを模倣する農協や農業団体が登場するのが通例である。一般にニッチ産業の盛業は良く知られているが、農業の場合、過酷な競争市場で成功しても、安閑としてはいられない。それに対応するには、失敗してもへこたれず、農協や農業生産法人の積極的な運営によって、地域資源を「宝の山」として最大限に活用し、「山間から攻め続ける」ことであろう(大分県日田市大山町)。

その他、ブドウ産地の南限に挑戦した「変人たちのワイン作り」(宮崎県都農町)、農薬の空中散布に反対し、有機農業と産地直送によって農家として自立した(山形県高畠町)。営農センターが戸別農家の農地の委託と受託の農地契約を組織化し、農地は流動化したが、その結果、このシステムは委託側の高齢農家と兼業農家の救済策に過ぎなかった。隣村の現状を反省し、営農センターとは別に、旧村単位の営農組合を組織し、コンピューターで地図情報システムを作成し、農地利用を調整し、農家全員が参加する独自の地域農業、戸別経営から組織農業のシステムを構築し、農業の「担い手」と若い農業後継者を確保した（長野県飯島町）。

金子は、自明のこととして農山村の荒廃を告発するのではなく、それに抗して現実と格闘しながら、農業を基盤に地域再生の営みを伝えることだった。だが、その成功例は点のような存在に過ぎない。それに反して、全国的に耕作者は高齢化し、耕作放棄地は拡大している。金子は、農山村では「これからさきに一〇年もたつと、農業や商業の担い手はいなくなり、町や村そのものが消滅する」と予測した（一二八頁）。全国的に都市僻遠の中山間地域の一部は「限界集落」に直面し、将来的に集落の消滅が予測されている。

都市通勤圏の山狭村の観察

私が通う都市近郊（この都市は中小の地方都市ではなく、東京周辺の通勤圏）の中山間地域の場合、すでに触れたように、畑はまったく高齢者の世界である。彼らは年金で生活を支え、多品種少量生産の自給農家である。産地が明記され、見栄えの良いスーパーなどで陳列されている野菜とは異なり、自給農家の野菜は新鮮で甘みがあって最高に旨い。露地栽培の自給用のジャガイモ、里芋、玉ねぎなどは適切に保存すれば、年間を通して食することが出来る。

その一方、夕方、一家の姑か嫁が畑に現れ、春は葉菜類の他、エンドウ、インゲン、空豆などの豆類を収穫して畑を後にする。今夜の夕食か、明日の朝食の食材に使うのであろう。取り立ての新鮮な野菜だから、おそらく都市生活者から見れば、野菜の本当の美味しさを日常的に満喫出来る贅沢な食生活であろう。だが、欧風化の食生活に影響を受けた団塊以降の世代には、これらの微妙な甘みと香りがする野菜料理に嗜好と味覚が慣れていない。

近隣の葬式組で葬儀があり、私は葬儀会館で裏方の葬式組のメンバーとして香典を受理する帳場に座り、その後は親族や縁者とともに会食した。この葬儀会館は米飯として新潟産のコシヒカリを売り物にしていた。たしかに新潟産のコシヒカリは日本一のブランド米という神話が浸透しているが、食味ランキングでは最上級の「特A」と評価されたことは一度もない。

私の隣席の数少ない米作農家の彼が私に「この米は不味い」とささやいた。この自給用の米作り農家は美味しい飯米を日常的に食しているのであろう。ただ残念ながら、彼から昨夏の酷暑と日照りの天候の下で作られた新米を貰ったが、ぼそぼそしてあまり美味い飯米ではなかった。天候により、出来・不出来があるのは当然だ。

都市住民の自然志向への対応

都市住民の間でベランダ菜園、さらに都市農地の一部をレジャー感覚と健康志向の希望する都市住民に市民農園として貸し出すシステムが好評だ。都市住民は農作業を通して自然回帰をはかり、農民は生産緑地計画の耕作放棄地や不作付地などの遊休地を提供する。

ところで、都市の市民農園では一人当りの耕地は僅か二、三坪に過ぎない。しかも応募者が多く、土地の供給が追いつかないのが現状だろう。狭い面積の市民農園では満足出来ず、都市近郊でより広い耕地で野菜作りをしたいというニーズが生じる。私が通う畑の近くに一区画四十坪ほどの市民農園がある。数名が都市から自家用車で来て、畑で汗を流していた。土・日はさぞにぎやかになるであろう。

当地もたしかに遊休地や耕作放棄地が点在している。それとともに目立つのは、自給農家の不作付地である。不作付地は耕地を農用トラクターで耕耘と除草を一気に行うが、そこには野菜の種を蒔かず、苗も植えず、手のかかる農作業などは一切しない。雑草が生えると、再び農用トラクターを運転して作業を終える。農用トラクターは便利だが、ガソリン代は決して馬鹿にならない。当面、先祖代々の耕地を不作付地として維持し、退職後は年金で生活を支え、のんびりと自給農家か、近くの農協直売所に収穫した野菜を持ち込む副業的農家となることを考えているのであろうか。

時代は変わり、ビジネスの手法やモデルも変わり、新しい世代の生活感覚も変わった。だが、この村では依然として耕作放棄地や不作付地を有効に活用する発想はまったくない。当地の慣習では、耕地の貸借は、口答による相対の約束事である。かっては耕地の受託者は委託者に僅かでも賃料（現物の場合もある）を払い、委託者の意向を尊重した。受託者は委託者から耕地を買い上げる意志はなく、受託者もまた高齢化し、いずれ耕作放棄地になることは必至だろう。

自治体や農協が耕作放棄地と不作付地について農作業の受託や管理代行などの対応策を講じているという話はあまり聞いたことがない。都市の自治体や農協は、ビジネスとしてまた地域再生として「貸し農園」を展開している。この都市近郊の中山間地域において、私が期待するのは地域再生のための「貸し農園」ビジネスであるが、高齢の戸別農家が耕作放棄地や不作付地を独自に「貸し農園」として経営するのは至難だろう。

（二〇一一年六月末、擱筆）

第十二章　エドワード・レビンソン著『ぼくの植え方――日本に育てられて』を読む（岩波書店、二〇一一年）

春夏野菜の収穫とその顛末

私は教壇に立つことと種々の会議に出席する以外は、本読みと物書きが本来の職務と考えていたから、論理的・学術的な原稿を書くことに慣れている。しかし、作家やジャーナリストのように読んで貰えるような原稿を平易に書くことには慣れていない。しかも私の野菜作りの体験は乏しく、書く材料にも事欠いた。そこで、素人の野菜作りの体験とともに、広く農村、農民、農業についての知識、つまりそれらの伝統や慣行、さらに現在の直面する諸問題についてよく知りたいと考え、アトランダムに農に関する著作を読書し、書評ではなく、感想文のようなものを書いてきた。それが「目耕」の意味である。

すでにジャガイモの植えつけと収穫、酷暑の草取りの経験について何度も書いた。ここではそれ以外の春夏野菜の収穫とその顛末について披露しよう。五月に近隣の農協委員の斡旋で購入したナス、きゅうり、ナス科のピーマン、ししとう、とうがらしの苗を植えた。ナス科の野菜は主に中南米原産だから夏の暑さに強い。今夏は、例年になく、酷暑だったから、豊作になった。

同じナス科の南米原産のトマトも豊作だった。トマトは雨にあたると、裂果して美味しくない。だから、大玉トマトの栽培は諦めた。そこで、アイコ（サカタのタネ）というミニトマトの種を蒔いた。昨年のトマトの実生《みしょう》が発芽・生長したので、それも定植した。酷暑の畑で完熟したミニトマトをもいで口にすると、水分の補給となり、甘みがあって実に美味しかった。ただ、剪定しなかったので、生りすぎて始末に困った。

キュウリもまた豊作だった。ただ、キュウリの生長は早い。だから、毎日もがないと超Lサイズの図太いキュウリとなり、蔓に負担がかかり、寿命が縮まる。私は日陰で小椅子に座り、その図太いキュウリに塩をふりかけて丸齧りにした。みずみずしくて甘みと特有の香りが口に拡がり、キュウリ本来の味を満喫した。こんな図太いキュウリはおそらくスーパーでは見かけない。

年金生活の村人はまだ涼しい早朝に畑で一仕事をして家に戻り、午後に再び現れ、夕食前にさっさと引き上げる。週一回の野菜作りの私は、夕闇が迫るまで、ただ一人畑に残って野菜作りをしている。それでも村人の野菜の出来栄えと比べると、はるかに見劣りがする。ある村人から「野菜作りは、最低限、毎週二泊三日だね」と忠告されたことがある。私は二泊三日の農村暮らしは肉体的に耐えられないだけではなく、それ以上に都市を本拠として暮らしてきた私には精神的にも耐えられない。

畑の一人遊び

現在、農家を支えているのは主婦である。かつてのように姑や嫁が農婦として野良で生業を支えているのではない。ばあちゃんが家計の管理と、野良仕事をするじいちゃんの健康を気遣い、隣近所の付き合いに気を配る。離れて住む息子や娘の家族が来訪すれば、率先して歓待する。自動車で来た客には土産物として野菜を持たせて帰す。

彼岸花は秋の彼岸に輪状に朱紅色の花を咲かせるから、そのように命名されたのであろう。お彼岸の日が来たが、彼岸花は開花せず、なんとなく威勢がない。その頃、ほうれん草、シュンギクなどの葉菜類の種蒔きをする。九月になっても猛暑が続き、例年になく、彼岸花の開花が遅れた。猛暑と水やりの不足のため、冬野菜のダイコン、ニンジンの種を蒔いても発芽しなかった。三度目に種を蒔いてやっと発芽した。時はすでに遅く、気温はどんどん低下し、葉は順調に生長しなかった。カブ、ラディッシュ（赤丸二十日大根）の芽出しも悪く、根は小粒で、変形したり、上半分が裂果したカブしか収穫出来なかった。

近所の畑では立派なダイコンとニンジンを収穫している。私のダイコンとニンジン作りの失敗を異常な天候のせいにすれば、ことは簡単だが、水やりが不足したのだろう。昨年はダイコンを作り過ぎて食べきれず、地中に埋けて保存した。三月になって掘り返し、ぶりダイコンを料理したが、ダイコンは硬くて不味く、とても食える代物ではなかった。野菜作りのガイドブックによれば、ダイコンの地中保存は二月末が限度だそうだ。

野菜の害虫、病気、害獣

秋の猛暑の影響か、白菜やキャベツをはじめ、ブロッコリー、小松菜、ほうれん草などの葉が盛大に害虫に食害された。私は有機燐系浸透性の殺虫剤のオルトラン粒剤のほか、農薬は一切撒布しないことにしている。食害された葉菜類は見栄えが悪いが、多少の食害は甘受することにしている。その部分を取り除き、料理すれば、それほど気にならない。むしろ害虫が好んで食うから、野菜を生食しない限り、人間は安心して食えるのだと、考えている。

農薬の撒布は害虫だけではなく、アブラムシの天敵のテントウムシ、クモやカマキリなどの益虫も殺してしまう。しかも大量の農薬撒布は野菜を作る耕作者自身の薬害と、残留農薬の野菜を食べる家族の健康も心配になる。良く聞く話だが、生産農家は出荷を予定している野菜には農薬を撒布し、自家消費用の野菜には農薬を撒布しない。しかも都市の生産農家は「消毒」だと言って、農薬を撒布しているのをよく見かける。野菜の病原菌にたいする予防と駆除なら、たしかに「消毒」と言えるであろう。だが、はたして害虫の予防と駆除を「消毒」だと言えるのであろうか。

野菜作りを始めた頃、春から秋にかけて蝶が野菜の葉に止まり、すぐ近くの野菜に舞い降り、しばらくして飛び立って行く。ふと、「ちょうちょう、ちょうちょう。菜の葉にとまれ。なのはにあいたら、桜にとまれ」という小学唱歌を思い出し、小椅子に座り、しばし蝶の独特の行動を眺めていた。ふと、我に返って蝶の行動は野菜の葉に産卵する行動だと気付いた。蝶の卵が幼虫の青虫に生長するとき、確実に野菜の葉は食害され、被害は甚大だ。ほうきをもって追い払ってみたが、無駄だったのでやめた。野菜の葉につく幼虫を見つけて捕殺したが、大した効果はなかった。

野菜作りの敵は病害虫だけではない。春は鳥にイチゴを食害され、夏にはスイカ、秋には地中から掘り出されて落花生が食害された。落花生の殻が近くのナスの根元にかたまっていたので、不思議に思い手に取ってみると、中身はなく、殻だけだった。そこで、カラスの仕業と気づき、落花生の四隅に支柱を立て、防鳥用のテープを張ったが、あとの祭りだった。ネズミはさつま芋が好物で、保管した畑小屋のさつま芋を食害された。トウモロコシの果実をハクビシンに荒らされた。数本の果実だけをもぎ、数カ所齧られほったらかしにされていた。まだクマが現れたという話は聞いたことがない。

秋の長雨のために白菜は灰白色の白斑病に侵され、昨年は軟腐病に侵された。キャベツは汚白色のべと病に侵された。外葉を取り除き、結球した葉に寒さで死んだ幼虫がこびりついていた。だが、病跡と死骸の付着した葉を取り除き、結球した料理用の部分は締っていて、料理すると、美味しく食べることが出来た。

露地栽培でも保温と害虫予防にトンネル栽培が一般化した。この程度では露地栽培の延長にすぎない。一年中、スーパーでは時期外れの野菜が売られている。それは、温度を調整された温室で促成栽培されたり、大型の冷蔵庫で保管させられた時期外れの野菜だろう。だから、高値で売られている。生産農家は温室の暖房、冷蔵庫の収納のために、経費をかけるが、果たして帳尻が合うのかどうか知らない。だが、本当にうまそうではない。その代表例はイチゴだろう。一年中、ケーキ類には見栄え良く赤熟のイチゴが添えられているが、そのイチゴにグラニュー糖がたっぷりとまぶされている。

イチゴは冷暖房つきの温室栽培であれば、一年中、収穫が可能だそうだ。そのために、海抜千メートル以上の高地で育てるか、花芽のついた苗を大型冷蔵庫に収め、秋にビニール・ハウスの畝に定植し、暖房して最需要期の十二月に出荷する。ところが、見栄えは良いが、そのイチゴには本来の甘みが欠けている。だが、露地栽培のイチゴは栽培適温の十月に苗を定植し、冬を越して五月から六月の二週間に収穫しないと、すぐに傷みや黴が生える。完熟したイチゴを畑でもいで口にすると、酸味は甘みを倍加させ、最高に美味しい。

生産農家の苦労

日本列島は南北に細長い。温暖地や都市近郊のビニール・ハウスで野菜の生長を促す促成栽培が一般化し、早出しの付加価値の高い野菜は「高値」で売れる。その一方では、主に寒冷地では出荷時期を遅らせる抑制栽培が行われている。生産農家が人工的に操作した野菜が、果たして本来の美味しさを備えているのかどうか、知らない。

畑でほうれん草などの葉をちぎって口にする。肥料のきき具合を確かめるためにいつもそうしている。これは美味しいと思い、葉っぱ一枚をむしゃむしゃと食べてしまったことがある。からし菜の葉が生長したので、ちぎって歯で噛んでみた。たしかにぴりっと舌にきた。そこで収穫して湯掻いてみたが、野菜の繊維の「筋」が口に残って無理に飲み込むしかなかった。収穫にはまだ早かったのか、窒素肥料の油かすが不足したのかもしれない。本当に野菜作りは難しい。商品として野菜を出荷する専業農家なら、もっと難しいだろう。

健康と趣味と実益を兼ねて、自給用の野菜作りに励んだ。野菜作りは「論より証拠」の世界である。天候にもよるが、野菜作りはウソやごまかしが通用しない。手を抜けば、不味くて貧弱な野菜しか出来ない。畑で耕作を工夫し、汗を流せば、工夫と汗の分だけ収穫物として返ってくる。だが、週一泊二日の野菜作りだから、いつまでも素人の域を出ない。腰と足に痛みを感じ、夕闇に疲労困憊して別宅に帰る。体力的にいつまで野菜作りを続けられるか、定かではない。

人生を耕す

エドワード・レビンソンの近著『ぼくの植え方――日本に育てられて』（岩波書店、二〇一一年）を読んだ。ブックカバーの写真はエド（通称）が晩春に収穫したニンニクの鱗茎と葉を一抱えして満悦しているので、外国人のエドが野菜作りについて書いたガイドブックに違いないと思い、迂闊にも書店で購入した。ところが、写真家でガーデナー（園芸家）、ベジタリアンのエドがアメリカで福岡正信著『わら一本の革命』の英訳書を読んで感銘した。そこで、母国を離れ、何の「根回し」もなく、バックパック一つで不案内のまま来日した。

それ以前、アメリカ・バージニア州出身でユダヤ系の青年エドは、ベトナム戦争が終結したあと、六〇年代後半の多くのヒッピーと同じく、大学をドロップアウトし、スピリチュアルな道を求め「流浪の民《バカボンド》」としてアメリカ大陸を三回、カナダを二回も横断旅行した。

エドは結婚して三年後に破綻し、「人生の回り道」として、「バックパックの旅行者」というスタイルで来日した。当時を回顧して、「ぼくは、気付いていなかったけれど実際には自分で根を引き抜き、ぼく自身を日本に移植していたのだ」（八頁）。二ヶ月間、京都の田舎でイギリス人が住む築百年の旧農家でホームステイした。そのあと、愛媛の福岡正信の自然農園に一週間滞在したが、自然農園がとくにエドを必要としないことを知った。のちに、エドは自然農法について、「しばしば彼の法則と、他のより伝統的な有機的農法やガーデニングを組み合わせた、ハイブリッドな中間的方法を用いている」（一七四頁）というのが、エドが実行した自然栽培の結論だった。

スローライフを信条とするエドが、「人生の回り道」のつもりで来日し、居住して三十年目に書いた自伝的なエッセーが『ぼくの植え方』である。エドは日本で自然と人生を調和させ、農村の優しい人々との交流と四季折々の風景の美しさを享受した。とくにエドは日常生活で「聖なること」を楽しみ、「日本の肥沃な大地が、無邪気で理想主義的な植物としてのぼくの人生を受け入れ、ぼくを生長してくれるのだ」と書いている（二一八頁）。

ガーデニング・自然と自己との対話

エドはバージニア州の大学で写真と心理学を学んだ経験を生かして、再び写真を撮るようになる。エドの写真術はピンホール写真である。好んで自然を撮り、それと調和した自らの心象風景を表現し、その写真に「癒された」ファンに歓迎された。スローライフの写真術として『エドさんのピンホール写真教室』（岩波書店、二〇〇七年、本文翻訳・鶴田静）を出版した。それが契機となり、すでに述べた自伝的エッセー『ぼくの植え方』を出版した。

以下では、エドのピンホール写真に触れない。エドの生活スタイルの一つが瞑想と呼吸法だが、私はそれについても無知なので触れない。だが、房総半島の鴨川に定住以前・以後、農村の人生体験とオーガニックな生活について触れたい。

エドは村人に誘われて、秋祭りのための神社や境内の掃除、新しい注連縄《しめなわ》作り、その後の宴会にも加わり「草の根国際交流」を果たして、ますますコミュニティに溶け込み、「少なくともぼくは今、部分的に部内者」になったと実感した。さらにジャガイモの植えつけと収穫、ベラルーシから招いてホームステイした「チェルノブイリの子どもたち」に収穫したジャガイモを「常食」として毎日のように食卓に並べた（三〇〜三四頁）。

また中古の軽トラックを運転するエドは、山道を足を引きずるようにとぼとぼ歩く「ミズ」（おばあさんたち）を率先して同乗させ、彼女らと率直に対話し、行動と思考を観察した。その結果、日本社会の伝統的な一面、つまり義理と人情という独特の贈答・交換という互酬性の世界を体験した。エドはアメリカでも化学肥料と農薬を使用しない有機農法を志向していた。東京の小平や国分寺、しばらく定住した房総半島の「野原の庭《メドーガーデン》」でも自給肥料として堆肥を作り、それを肥料とする有機農法、自然栽培を実行した。

南房総の丘の上の暮し

「野原の庭」の後、二十年近く耕作放棄された丘の上の棚田を購入した。そこでは近所の女の子たちと仲良しになり、自己哲学を披瀝して満喫したり、ドッジボールにも興じた。そのうち、近くに田んぼを借り、村人の応援を得て手作業で米作りを始めた。エドは「ガーデニングも農業も、心構えと状況によっては楽しみにも苦労にもなる」（一七二頁）と書いている。

ガーデナーのエドは荒れた不耕起の畑でジャガイモを作り、また田植え仕事にも大いに身体的に苦労したであろう。しかし楽天家のエドはこの地で「楽しく」暮らすために、それなりに自然と、コミュニケーションの工夫と苦労を重ねたであろう。エドはついに「ガーデナーは指揮者であり音楽家であり、人間と自然の結婚における『仲人』なのだ。堆肥が結婚プレゼントであればそれは奇妙に思えるだろう。しかし少なくとも、それ（堆肥、括弧内引用者）には大いなる努力が込められていて、スローライフの現実的で象徴的な良いイメージをもつ手作りエコ商品なのだ」（一五五頁）という境地に達した。

エドは日常生活で「聖なること」を限りなく享受することだった。だが、「聖なるもの」とは、必ずしも宗教的なものを意味せず、「自然と自身の調和」であり、「何かと、誰かと一つになること」を意味する。バックパック一つで来日したエドは、三十年後にぼくは植えられ、「無邪気で理想主義的な植物」として、「成長させてくれたのだ」と言い、自然と人間に心から感謝している。

終わりに

私は、敬虔なエドのように、野菜作りを通して自然に接してきたのだろうか。所詮、野菜作りは健康と趣味、そして収穫という実益のためだった。私は竹籠を背負い、農道を歩きながら、最大の関心は、今、どんな野菜が生長し、収穫されるかということだった。次いでその畑の耕作者の性格や家族生活を思いうかべて、あれこれと想像する。そして、数日の天候と耕地の状況以外はほとんど関心はなく、農道で行き合う村人と簡単に挨拶して、この土地に合う野菜の作り方や時期を訊ねることにしている。

畑仕事でくたびれて小休止し、畑で小椅子に座り、ポットに入れたお茶を飲み、太陽、光、空気、雲、風、音を知覚するが、周囲の畑や山林を眺めて四季を感じる程度で、自然とはありきたりの対話しかしていない。今後は、エドのように自然と戯れ、自らの心を耕し、自ら感じる心象風景を大切にしたいものである。

ところが、もはや肉体的にも衰え、足腰の各所が痛み、作業も緩慢になって来た。宗教や信仰と全く無縁な暮しをしてきた私には、おそらくエドのように「日常生活で聖なることを楽しむ」ことは出来ないが、畑の日陰で小椅子に座り、エドのように、自然に自らの心を開きたい。

文献

□エドワード・レビンソン『エドさんのピンホール写真教室』(岩波文庫、二〇〇七年)
□福岡正信著『自然農法　わら一本の革命』(春秋社、一九八三年)

ニンニクを収穫
エドワード・レビンソン

第十三章　伊藤礼著『耕せど耕せど――久我山農場物語』を読む

（東海大学出版会、二〇一三年）

旬の苺

クリスマスシーズンになると、スーパーや八百屋で大粒の真っ赤な見映えの良い苺のパックが大量に陳列されている。この時期、各地の苺農家は増大する需要に応じ、ブランドと収益性の高い苺を「特産品」として市場に出荷している。テレビで女子アナウンサーが「この苺は酸味があって美味しい」と言うのを聞いて、私はただただ唖然とした。此の時期の苺は夏場に苗を冷蔵庫などに入れ（以前は涼しい高原地帯に運んだ）、人工的に低温で過ごさせて休眠させ、秋に温室で栽培する。しかも最近はほぼ通年、スーパーなどで高価な苺を見かけるようになったが、苺は傷みは早い。

私は苺の露地栽培をして、旬の五、六月のごく短期に収穫した。昨秋、黒マルチに二条に定植し、実がなる頃、支柱を立て、キラキラ光る妨鳥テープを張りめぐらした。その効果があってか（というよりも、鳥類を見かけなくなった）、カラスに食害されず、しかも例年になく、豊作だった。真赤な旬の苺をもぎ、口に入れてほおばると、濃厚な甘さと水分が口に拡がり、わずかな酸味はかえって甘味を倍加させ、旬の苺の醍醐味を満喫した。苺に牛乳と砂糖を入れ、スプーンで食べるのが定番だが、そうすると、自然に甘く、豊潤に成熟した苺を堪能することが出来ない。

誠に残念なことに、成熟した苺は傷みが早い。ポリ袋に詰め（失敗だった）、リュックサックに入れて自宅に持ち帰ると、割れて傷んだ苺も出てきた。それをジュースに加工すれば良かったが、豊作だったので捨ててしまった（もったいない)。やはり最高に美味しいのは畑でもぎたての苺だった。来年の苺の収穫のために、苗(ランナー、走り蔓)を伸ばして、子株や孫株を育てようとした。そのため、苺畑の回りを除草せず、そのままにしておいたら、梅雨が明け、猛暑のなかで雑草が繁茂して、子株や孫株が見えなくなった。熱中症を恐れながら、大粒の汗を流して一草一草根ごと除草したため疲労困憊した。そこで、草払い機で一挙に除草したところ、伸びたランナーも一緒に刈り取ってしまった。

来年の五月の大型連休に孫に存分に食べさせようと思い、黒マルチを敷き、ダンポールで半円形のトンネル状の骨組を作り、その上にフィルムをかけ、苺の促成栽培を考えていた。その計画は草払い機でランナーを切ったため、破綻してしまった。だが、この九月中旬から十月にかけて苺の苗を植え付ける時期、多少高額だが、ホームセンターでポット苗を購入して黒マルチに穴を明けて定植した。大型連休の初夏の陽を浴びながら、孫とともに超新鮮な旬の苺を堪能したい。

胡瓜とナス

今年は空梅雨で、梅雨が明けると、しばらく猛暑が続いた。そのためか、蔓あり胡瓜は豊作だった。胡瓜の生長は早く、毎日のように頻繁に収穫しないと、巨大化する。週一回の収穫のために警棒大に巨大化した。その胡瓜を椀《も》いでプラスチックの籠に入れた。一旦は二箱を小屋に収納したが、黄色く変色したので、畑に穴を掘り、埋めてしまった。株と蔓は弱くなり、葉は病害虫に侵され、葉と蔓は早くも枯れ出した。そこで、秋の土這《じばい》胡瓜の種を蒔いたところ、発芽したのでホッとしたが、早くも初秋に蔓あり胡瓜とともに枯れてしまった。

五月の連休後半、地元の農協から買ったナス(千両)の苗三株と、私が住む自宅近くのホームセンターで買った米ナスと小布施のナスの苗各一株を植えた。いずれのナスも天候の影響だろうか、例年と比較して、なかなか生長しなかった。周りの畑のナスも同じように生長の状態は悪く、果実は小粒だった。株に負担をかけないように、まだ果実が小さいうちに早めに収穫することにした。ナスは淡い紫色の花をつけていたので、肥料不足だろうと判断して、根元の回りに化成肥料を追肥し、つけ根から伸びた葉や脇芽、病害虫に侵された葉や枯れた葉を鋏で取り除いた。

胡瓜の最初の収穫は早くも六月下旬だったが、ナスの最初の収穫は七月下旬で、昨年よりも二〇日以上も遅い。スーパーの野菜売り場を覗いたら、例年よりも、胡瓜は安値で、ナスは高値で売られていた。産地でも胡瓜は豊作で、ナスは不作だったのであろうか。

生い茂る雑草

今年は天候が安定せず、天気予報は当たらない。私の場合、いわゆる「週末農業」ではないが、今年の夏場ほど、週一回、一泊二日（予定）の通いの畑仕事というハンディキャップを実感したことはない。なぜなら、「晴れた日」でも、前日に大雨が降れば、畑は泥濘《ぬかり》、足を取られ、収穫も草取りも思うように出来ない。とくに、天候が不安定な七月上・中旬の二週間ほど、雑草の手刈り、草払い機や耕耘機による除草など出来なかった。そのため、雑草は繁茂し、手も付けられない凄まじい惨状になった。

生物学に造詣が深い昭和天皇は「雑草という植物はない」と言われたそうだが、「雲の上人」には世情の苦労が分からないのかも知れない。稲や野菜、花卉や果樹の栽培に勤しむ耕作者にとって、農作物とは異なる草々を「雑草」と称している。炎天下で雑草を手刈りすると、多肉質のスベリヒユの茎は太く、地面におおきく広がり、手で刈り取ってもなかなか枯れない。大きく伸びた茎が円柱形に斜上しているチカラシバは片手では抜けず、小鎌で掘ってやっと刈れた。抜くのに力《チカラ》がいるから、そのように命名されたのだそうだ。チカラシバの根が、先に植えたネギの根に絡みつき、ネギの根も一緒に抜けたのには驚いた。繁殖力の旺盛なメヒシバの茎は地面を這い、茎の節から根を下ろし、地べたに広く生えている。手に絡みつけ、「えいや」と一気に引き抜くことにした。

帰化植物のヒメジョオン（姫女苑）は白い可憐な花を咲かせる。エノコログサは別名をネコジャラシと言い、細い茎の先に長く太目の花穂を出している。以前は雑草に除草剤を散布したが、現在は禁止農薬とされ、田や畑に散布することは禁じられている。小椅子に座り、一草一草根ごと手刈りしたが、それでも完璧ではない。この猛暑で取り残した雑草がまた息を吹き返した。草取りの作業はそれで終わりではない。取り除いた草の処理がある。大汗をかいて畑の隅に穴を掘り、そこに埋めたが、枯れずに根付くかも知れない。真夏の畑では胡瓜、ナス、スイカ、とうもろこしなどの嬉しい収穫とは別に、雑草との厳しい闘いがある。

スイカとメロン

五月中旬、緑と黒の縞模様の小玉と黒皮の中玉の二種類のスイカの種を蒔き、さらにプリンスメロンの苗を植えた。スイカは発芽し、蔓も生長したが、メロンは早くも小さな玉をつけ、その下に麦わらを敷いた。剪定せず、ほったらかしにしておいたら、その玉から独特の甘い香りが漂うようになった。ところが、未熟の小さな玉はすぐに腐ってしまった。この夏もまたメロンの栽培に失敗した。メロンの玉が病気に侵されたのかもしれない。周囲の畑でメロンの栽培を見かけないので、この畑の土壌に合わないのかも知れない。

二種類のスイカはどんどん蔓を伸ばした。摘果せず、ほったらかしにしていたら、いくつか実をつけた。上空のカラスに発見されないように、当座の処置としてスイカの玉の上に枯葉を置いておいたが、綺模様の小玉スイカ五、六個がカラスに食害された。なかには、まだ中身の白い未熟な小玉スイカも食害された。おそらく野鼠に食餌されたのであろう。そこで、スイカの周りに支柱を立て、キラキラ光る防鳥テープを張り巡らせた。小椅子に座って空を眺めていると、数羽が電線に止まり、飛来したカラスは妨鳥テープに反応したらしく、あわてて飛び去って行った。何故か、黒皮の中玉スイカはカラスの被害を受けないで済んだ。

最初、小玉スイカに独特の甘い香りが漂っていたが、割れて二、三個傷んでいた。その後、猛暑が続き、葉が枯れ出したので、葉と蔓を片付けると、意外にも綺模様の小玉スイカ五、六個と黒皮スイカ三個が転がっていた。剪定、着果、摘果もせず、ほったらかしたわりには、まずまずの出来だった。だが、枯れた葉と茎、生えた雑草を処理するのに大汗をかいた。

実生のミニトマト

大玉トマトは雨に当たると、醜く裂果する。そのため、雨よけの簡単なテントでトマトの上部を覆う。私は時間的に余裕がないし、テントが大風や大雨にあうと、プラスチックの覆いが破れたり壊れそうになるので、大玉トマトの栽培を諦めた。例年、裂果しにくいプラム形のミニトマトを栽培してきた。昨年の種が発芽したと思い、移植して生長したが、良く見たらカナムグラというただの雑草だった。生長した実生のミニトマトに支柱を立て、主枝をビニールの紐で縛り、そのままほったらかしにした。確か、種の袋には一代交配種（FＩ）と印刷されていたので、まさか実生のミニトマトが生長するとは考えても見なかった。

トマトは連作障害が出やすい野菜だと言われているが、実生のミニトマトの生育は正常で、枯れることもない。整枝をせず、脇芽も摘み取らないで放任した。黄色い花が咲き、赤い実をつけ、やぶのように生い茂ってしまった。そのため、中心部にぶらさがっている赤い実を収穫するのは、厄介だった。一代交配種の実生のミニトマトがどのように生長するのか、あるいは生長しないのか、実験し、観察し、食味してみたかっただけである。

畑仕事にくたびれ、小休憩してミニトマトを口にすると、あまり甘味はなく、皮は硬めだが、乾いた身体には水分の補給になった。この夏はミニトマトの周りにも雑草が茂った。雑草を除草するついでに、邪魔な茎や葉を取り除くことにした。だが、頭痛の種は雑草と剪定した葉や茎の処理である。「不耕起」や「無除草」（他に「無肥料」、「無農薬」）を四原則とする自然農法の提唱（福岡正信『わら一本の革命』）を実行すれば、面倒な除草や剪定の作業は無用だが、ミニトマトの密生した茎や葉、生い茂った雑草を面前にして達観できるほどの精神的余裕などさらさら起こらない。だが、アンデス山脈の高原地帯原産のトマトが、高温多湿の夏の日本でその威勢の良さにはただただ感心した。ミニトマトを栽培して七回目になるが、脇芽を剪定する作業が如何に大事か、改めて実感した。

家庭「農場」のエッセー集

とくに購入したい新刊書があったので、大型書店めぐりをした。最後の書店でも売り切れだった。その書店で探索したところ、英文学者の伊藤礼の新刊書『耕せど耕せど―久我山農場物語』（東海大学出版社、二〇一三年）が陳列されていたので、早速購入することにした。彼は作家の「伊藤整」の生涯や恋文に関する著書があるので、文芸評論家かと思ったが、伊藤整の次男だった。そして伊藤整が翻訳・出版し、猥褻文書として裁判で争われたロレンスの『チャタレー夫人の恋人』を、のちに伊藤礼もまた翻訳している。さらに鉄砲打ちの体験エッセー集を『狸ビール』（講談社）と題して出版し、講談社エッセー賞を受賞している。

これからとりあげる『耕せど耕せど』は傘寿に近い伊藤礼翁が自宅の食堂の窓の外の庭、つまり東側三坪半、中側三坪、西側五坪半、あわせて十二坪ほどの庭を「農場」と称して耕作した。その記録とエッセーを「閑人閑話」と題して月刊誌『望星』に二〇一一年六月から一年六か月間、連載し、それらをまとめて改題し、出版した。しかも伊藤翁は自転車に乗り、杉並、練馬、武蔵野などの東京の西部方面にある農家の畑を検分し、自分の「農場」と称する家庭菜園を耕転機で耕し、種を蒔き、苗を植え、生長した野菜を収穫した。

晩年の深沢七郎は「関東平野のど真ん中」（埼玉県）の農村で自給用に野菜を多品種少量生産し、地元の新聞で

「コマギレ栽培」と皮肉られたが、それを自ら認めた。深沢はエルビス・プレスリーが歌った「ラブーミー・テンダー」(やさしく愛して)にヒントを得て、自ら購入した畑地三反五畝を「ラブミー農場」と称した。伊藤翁はそれにヒントを得たのであろうか、十二坪ほどの家庭菜園を「農場」と称したのであろう。耕地の面積から言えばあまりにも頑是無い。ただ、日本で最小の「農場」かも知れない。

私は本書を読み、初めて知ったことだが、折りたたみ式のエンジンカルチベーター(フレーム付きの動力耕作機)という多機能の農機具である。スコップや鍬で畑を耕すと、足腰が耐えられなくなった伊藤翁は、この農機具をホームセンターで見て、早速購入した。稚気愛すべきことだが、それを使用する以前、翁はこの農機具について知人に盛んに吹聴した。私は耕作用に二馬力の簡単な動力耕耘機を操作してきた。私も鍬で土を掘り返すと、息が上がり、足腰に痛みを覚える。ところが、枯草や雑草が耕耘機のロータリー(回転機)の爪に絡みつき、一時運転を停止し、鋏で取り除いてきた。この作業は意外に面倒だ。カルチベーターなら除草用のアタッチメント(機械類の附属品)を取付けて除草すれば、作業はより簡単になるだろう。

ただ、このカルチベーターの動力源はガソリンとガソリンオイルの混合ガソリンだそうだが、私が使用する草払い機の動力源がこの種の混合ガソリンである。使用の度《たび》に金属製の缶から混合ガソリンを注入する。なぜなら、使用後は残った混合ガソリンを石油ストーブ用のポンプでその缶に注入しなければならないからである。しかもエンジンを始動するには、伊藤翁が克明にその手順を書いているように、面倒な準備作業が必要だ。私の場合、草払い機のリコイルスターターの紐を引っ張っても、なかなか始動しない。しかも鋼鉄製の刃先が急速に回転するので、操作中に誤って足や手に触れると、大怪我をする。危険極まりない農機具だ。だから、畑に雑草が茂っていても、草払い機を運転するには、足や腰の身体的な状態を考える。そのため、草刈り機の運転をいつも躊躇し、小椅子に座り小鎌を使って、手刈りをすることにしている。

奇妙奇特な光景

伊藤翁のわずか十二坪の「農場」では野菜の多品種少量生産だが、ほぼ年間の自給を賄っているようである。ちなみに、翁は朝起きると、つっかけを履き、パジャマ姿で食堂の窓越しの「農場」に出て、朝食のサラダ用にレタス、チンゲンサイなどの葉っぱを収穫する。パン、ベーコンと玉子焼きにこの超新鮮野菜を添え、朝食を大いに堪能する。周囲を住宅やアパートに囲まれた翁の「農場」は、プライベートな空間なので、パジャマ姿を見られても、特別に奇異ではなかろう。

朝、私は畑に行こうと農道を歩いていると、ねむたそうにふらふらと歩いているパジャマ姿の村人に出会った。彼は村ではアルコール中毒と噂されていた。私は「やっぱり、そうだったのか」と確信した。のちに聞いた噂話では、彼は長年「うつ病」で薬を服用しているという。彼は夜勤専門の職場で仮眠前に同僚とすき焼、寄せ鍋などを食べて飲酒し、それがアルコール中毒につながったのであろうか。あるいは「うつ」で意気消沈した気分を解消するために、飲酒し、それが習慣性になったのであろうか。パジャマ姿とはいえ、住宅地の「農場」で朝食用に葉っぱを収穫する伊藤翁と、農山村の農道でふらふらと歩く村人とは実に対照的である。

翁が熱心に栽培したのが、正月のおせち料理に欠かせない球茎の慈姑《くわい》である。慈姑と言えば、「くわいが芽出した。花咲きゃ、チョン切るぞ」という童謡を思い出す。「芽が出る」「めでたい」として和風おせち料理の一品に欠かせない。私はおせち料理の慈姑は苦くて、美味いと思ったことは一度もない。だが、食通の翁は慈姑こそ上品な食べ物で、「そこはかとない風味、食感、食後感。天地創造の神は人間にクワイを与えてくれたのだ」と絶賛している。慈姑の耕作者は水田か泥田で栽培し、おせち料理の一品として年末に一斉に出荷する。翁は知人を通して慈姑の種イモを入手し、プラスチックの箱二つにそれぞれ七個の種イモを植えた。さらにポリエチレン製の魚箱を貰い、三個の種イモを植えた。十一月上旬、翁は難儀して大玉五十個と小玉五十個の収穫に成功した。

それに自信をつけた翁は、さらに大きな容器四個を購入し、本格的に慈姑を栽培した。生長した蔓を剪定し、さらに水中にはびこる根をスコップでぐるぐると断ち切った。ところが、慈姑の栽培容器の中を覗いたら、容器の一つに大量にボウフラが湧いていた。そこで、思案の結果、その容器にメダカを放ち、ボウフラを退治することにした。ボウフラは激減し、ねらいは的中した。容器のボウフラを絶滅させたメダカを網で掬い、別のプラスチックの水槽に放った。そこで分かったことは、最初に放った三十匹に足りないメダカが百匹ぐらいに繁殖していたのである。

「伊藤式農法」の提案

伊藤翁は新聞紙大の一枚に『戦時農場の設計』と題され、副題に「一年中野菜を絶やさず作る計画書」という印刷物を亡父の作家・伊藤整の書斎で発見した。それはアジア太平洋戦争末期の食料難の時期に東京の各家庭の十坪ほどの庭先で自給用野菜の栽培を奨励するために作成された。翁は七十年前の十坪の家庭菜園の計画表をつぶさに検討した結果、「これぐらい古い計画書に頼る農耕者は東京都内に十人とはいないだろうと考えるとうれしくなる。……七十年前に立てられた計画を実験するなどというのはロマンチックではないか」と、大いにご満悦である。この計画表に基づいて、多品種少量生産で二十二種類の野菜の種の蒔き時や育て方を「伊藤式農法」と命名したいと言う。

翁が自ら実行した「作付け図」と『戦時農場の設計』を比較した結果、翁自身の播種《はしゅ》の日時が三週間ぐらい遅れていた。そのため、キャベツもダイコンも小さく、さらにオクラも生りが遅く、実入りも悪く、栽培結果がおしなべて芳しくないと判断した。そこで、翁は『戦時農場の設計』に基づき、種蒔きの時期を順守したら、よりよい「農場」になるだろうと自ら計画した。だが、私は「伊藤式農法」は総じて失敗するだろうと予想している。

なぜなら、七十年前と比較すれば、今日ははるかに温暖化が進み、種蒔きの時期を早めたり、遅らせたりして、調整する必要があるからだ。現在、出版されている家庭菜園のテキストには、必ず種蒔き、苗の植え付け、収穫の栽培歴が掲載されている。それを順守するか、花木や草花の開花時期を観察し、野菜の作付けを実施する方がより確実だろう。ちなみに、サクラの開花時期には小松菜などの春蒔き葉菜類の作付けをする。

住宅の庭先の家庭菜園の場合、周囲を住宅に囲まれているため、日当たりは良くないし、風通しも良くないかもしれない。そうした環境で、野菜の出来具合を八百屋の店頭に陳列されているキャベツ、農家の畑のオクラの生り具合と比較して、「芳しくない」と評価しても、ほとんど意味がない。生産農家は野菜を商品として出荷するために、生産しているのであって、家庭菜園の野菜のように自給用の栽培ではない。商品として見栄えの良い野菜が厳選され、八百屋の店頭に陳列されている。ある特定の野菜が不作であれば、直ちに刈り採ってしまう。しかも、キャベツなどが豊作であっても、市場価格と比較して、ダンボール代や運送費などに経費がかかり、明らかに採算割れとなれば、農協に出荷せず、その野菜を農用トラクターで踏み潰し、土作りをして次の野菜の作付けに着手する。

私はスーパーに行くと、必ず野菜売り場を見て回る。野菜を買うためではなく、見映えが良い野菜の価格とサイズを見るためである。ある野菜が、例年よりも価格が高いか安いか判断し、この年は不作か、あるいは豊作かと推測する。胡瓜やオクラその他の野菜のサイズは一定していて、バラ売りか、見映え良くケースに入れて陳列されている。おそらく生産農家は野菜のサイズを一定にするために細心の注意を払って出荷する。

生産者は一定のサイズを超えた野菜は廃棄するか、自家消費する。そのために少品種大量生産し、サイズを一定にして大量に出荷しなければ、農協などの規制により流通過程にのらないし、消費者は買わないだろう。ところが、自給用の家庭菜園ならば、野菜のサイズなど、それほど気にすることはない。胡瓜などは毎日もがないと、直ぐに図太い胡瓜に生長する。独特の風味にかけるが、畑でもいで、食塩をかけてかぶりつけば、結構水分の補給になる。まさに旬産旬食である。

伊藤礼は三十年ちかく鉄砲打ちを趣味とした。その行動と観察の記録を『狸ビール』と題して出版し、さらに東京の西部近辺を自転車で巡回したエッセー集を『こぐこぐ自転車』、『自転車ぎこぎこ』（いずれも未読）と題して出版した。おそらく綿密な観察と克明な記録は父親譲りであろうか。『耕せど耕せど』は十年ほど試みた家庭菜園の実践と観察の記録だが、本書のように、あまりにも当たり前のことを書いたら、読者はその中身を読んでくれないと自覚したのであろうか。お節介なことだが、自宅の近辺を自転車に乗って、生産農家の本格的な畑を検分するよりも、一人あたり一坪半に満たない近くの市民農園の様子を検分した方が、十二坪ほどの翁の「農場」の野菜作りに大いに参考になるだろう。

武蔵野台地の畑は火山灰の関東ローム層に覆われ、「赤土」の上に黒土が堆積されている。そのためか、大変水はけが良い。私の自宅の近くに江戸期に千川という排水路が開削されている。晴天が続くと、川が枯れ、水をほとんど見かけない。雨が降ると、水がチョロチョロと流れる。雨が降り続けたり、大雨が降ると、その後数日は水で溢れる。この自然現象は武蔵野台地が水はけの良い土地だという証拠だろう。

野菜作りのガイドブックには、鍬か農機具で畝の両サイドに深目に溝を掘り、高畝にすると書かれている。ところが、水はけの良い武蔵野台地の畑地では、高畝にする必要はない。一般的に、地域には地域の、畑には畑の土壌の特性、あるいは微妙な差異がある。私が山梨県東部で耕す畑やその周囲は、かつて水田として構造改善され、しばらく米作りが行われた。その後、黒土を入れて畑地にした。畑の下層には礫層があって、保水力があるが、水はけが悪い。そのため、鍬か農機具で深く堀り、畝を作る必要がある。

誠に残念なことに、伊藤翁は武蔵野台地の一角で家庭園芸に勤しみ、それをエッセー集として出版した。そこでは土壌についての記述が見られなかったので、その点についてあえて記述することにした。その他、気候は所与の前提条件だが、野菜作りは天候や天気という自然条件の影響をもろに受け、その結果が豊作か、不作か、あるいは平年並みかとして如実に判明する。一般にエッセーは体験や見聞、思索や感想などを筆にまかせて記することだが、読む人に読まれるような文章を書かなければ、処置なしだということを、あらためて伊藤翁の『耕せど耕せど』というエッセー集から学んだ。エッセーとして読んでもらえる文章を書くことは、私には至難の業《わざ》だと自覚させられた。そのことが本書を閲読した最も貴重な成果だった。

文　献

□伊藤礼『狸ビール』（講談社、一九九一年）

第三部　里山へのまなざし

第十四章　内山節著『里の在処《ありか》』を読む

（新潮社、二〇〇一年）

蒔かぬ種は生えぬ

三月上旬に恒例のジャガイモの種芋を植えた。毎年、この作業が終わると、この山村に本格的な春の到来を感じる。ところが、三月中旬、咳をすると、唾液に鮮紅血が混じり、喀血した。近くの診療所でレントゲン写真を撮り、呼吸器に影が見えると診断され、紹介状を書いて貰って近くのKY大学付属病院で受診した。

大学病院の呼吸器科で紹介状とレントゲン写真を提出し、例によって来院の理由と自覚症状を用紙に書かされた。外来患者の緊急治療室があったにもかかわらず、長い間、待合室で待たされた。その間、何度も咳が出て、トイレに駆け込み、喀血した。やっと呼び出され、レントゲン検査の結果、医師から緊急入院を指示された。入院した病棟は二十四時間監視体制の集中治療室だった。

感染症の肺結核を疑われたらしいが、数回の排便検査の結果、肺結核の疑いは晴れた。高血圧気味の私は、頻繁な血液検査の採血で血圧は低下し、無症状だったが、貧血と診断された。医師から因果関係を明らかにしてもらえなかった。病院のトイレで大量に吐血したことがその原因ではないかと思っている。

二十四時間の止血剤と鎮咳剤の点滴治療で、次第に症状は消えた。気管支鏡の検査を受けた。ところが、症状の決定的な原因、つまり「蒔かれた種」は未解明のまま経過観察となった。呼吸器に爆弾をかかえ、中途半端な身となった。退院後、血液検査とレントゲン検査を受けるために、しばらく通院した。

思わぬ入院騒ぎと雨降りのために、野菜作りを本格的に再開したのが、四月下旬だった。順序として雑草を根絶するか、種を蒔き、苗を植えるか、判断に迷った。そこで、文字通り「蒔かぬ種は生えぬ」と考え、畑の中和剤として苦土石灰と有機肥料を時間をおいて撒いた。それぞれ耕耘機で耕し、畝を作ったあと、無事、春夏野菜の種を蒔き、苗を植えた。

ジャガイモ奮闘記

種を蒔き、苗を植えながら、冬越しのえんどうと空豆を収穫した。また季節はずれの大型台風が襲来して、いんげん豆やかぼちゃに立てた支柱が倒れ、補修した。イチゴには手が回らず、カラスに食われたらしい。トンネル栽培のキャベツとスティックブロッコリーを収穫した。これもあとかたづけに手間取り、なかなか草取りに手が回らず、雑草が茂り始めてイライラした。

ジャガイモの種芋を植えた後、肥料を施し、鍬で土寄せをして、元気のいい芽を二本残して芽欠きをした。六月になって男爵は白色、メークインは淡黄色、今年初めて植えたピルカは淡紫色の小さな花が咲いた。六月の梅雨の晴れ間に収穫した村人は「収穫は平年並みだ」、「べと病が入って、収量が落ちた」と、ジャガイモの収穫がしきりと村人の話題になった。ジャガイモの収穫を終えると、本格的に暑い夏の到来を感じる。

ジャガイモは、米に次ぐ第二の主食といわれ、一年を通して食べることが出来、また食べ切れなかったら、来年三月に丈夫そうな芋を選び、切らずに、種芋としてそのまま植えることも出来る。そんな訳で、大変結構な野菜だが、それは、あくまでも健康なジャガイモが収穫出来た場合である。ジャガイモ特有の疫病に侵されると、保存したジャガイモは腐り、早く見つけないと、病原菌は拡がる。管理に大変手間がかかる根菜類だと分かった。

ジャガイモの病気は疫病が代表的で、べと病は野菜作りのテキストには書かれていない。他にかさ病とも言う瘡痂《そうか》病が良く知られている。一般に、ジャガイモは弱酸性の土壌を好むため、石灰資材を撒かないが、土壌に石灰が残留していると、放射菌の寄生によって瘡痂病が発生する。ジャガイモの表皮に粒状のぶつぶつが出来るのが、その特徴である。初めて蒔いたピルカに瘡痂病の症状が出た。表皮のぶつぶつを包丁で除けば、食べても問題はない。

六月始め、ジャガイモの葉が青々としていた。さぐり掘りをしたが、まだ十分に生長していなかった。指で叩くと、新ジャガのコンコンという初々しい乾いた感触がした。本格的に掘り出すには、まだ早いなと判断した。ときおり雨が降り、私は自宅で本読みと物書きで過ごした。二週間後に畑へ行くと、男爵とメークインの葉が消え、茎はすべて枯れていた。

隣の畑の人から「そこのジャガイモの畑で腐った臭いがした。べと病が入ったらしい」と教えられた。ジャガイモを掘り出すと、僅かだが、いつものように腐ったジャガイモが出てきた。それを取り除き、天日で乾かし、ダンボールに入れ、畑小屋に保存した。蔓延した病原菌でジャガイモの全滅を心配したが、私の心配は取り越し苦労に終わり、平年並みの収穫だった。

ところが、一週間後、保存したジャガイモを点検したところ、腐ったジャガイモがいくつか見つかった。今後とも定期的に点検しないと、病原菌がダンボールのジャガイモに蔓延するに違いない。猛暑日が続くと、病原菌はますます活発に活動するだろう。年間を通して食べることが出来るはずのジャガイモは、今回は大変厄介な根菜類になった。

ジャガイモの保存と管理に頭を悩まされた。その時、集落の農協委員から「ジャガイモ、どうする」と声をかけられた。早くも来年の北海道産の種芋の予約だった。五キロ、十キロが販売単位だった。翌年六月、平年並みに収穫できれば、五倍以上も収穫出来る。そこで、男爵芋五キロを注文することにした。少量のメークインやキタアカリの種芋なら、自宅の近くのホームセンターで良く見て買えば良いと判断したからだ。

炎天下の戦い

かつては村人は畑に除草剤を撒布することに抵抗感がなかった。すでに田や畑の禁止農薬に指定され、撒布には慎重になった。ベトナム戦争でアメリカ軍が化学兵器として使用したダイオキシンを含む枯葉剤は、人体へ異常な影響を与えた。そこで、日本では除草剤は禁止農薬と指定されたのであろう。

私が耕す畑の南北の両隣の畑は耕作放棄地で、除草剤を撒布し、雑草を枯らしている。除草剤は一時的に効果があるが、耕作放棄地の場合、しばらくして雑草はたくましく生い茂る。撒布する当人には除草剤が禁止農薬という認識は毛頭なさそうだった。はた迷惑とはこのことだが、多少の迷惑を承知しても、村人は「言挙《ことあ》げする」(言葉に出して言い立てる)ことはしない。私もまた近所付き合いの慣習に従い、両隣の畑の除草剤撒布にあえて文句を言わなかった。

根を張るイネ科のオヒシバやメヒシバ、乾燥に強く、しぶとくはびこるスベリヒユ、多年生植物の杉菜などは小鎌で一草一草根を刈り取り、文字通り根絶するしかない。里芋は肥料を撒いて、かまぼこ状に土を盛り、黒マルチで覆い、穴を開けて、そこに種芋を植える。そうすれば、除草を必要としない。ところが、黒マルチをかぶせた里芋は水っぽくて美味くないというベテランの村人がいた。私は種芋を四作植えたが、試しに、そのうちの一作に黒マルチを掛けなかった。

ところが、その一作に雑草が生い茂り、幼い里芋の葉と茎はその影に隠れてしまった。雑草を刈ったところ、やはり里芋の葉と茎の生長は弱弱しかった。早速、肥料を撒き、土寄せをした。うっとうしい雑草をきれいに除去したことで、気分は清々した。炎天下で雑草との戦いはまだまだ続く。

私は昼間の畑で軽い熱中症状を経験した。身体がだるくなり、冷ました紅茶を飲んだところ、汗は出ず尿意をもようした。そこで、畑の隅で四、五匹の蟻めがけて放尿した。蟻は一目散に逃げ出した。蟻が一匹も戻って来ないので、「しめた」と思った。尿中に糖が含まれていないようだ。だが、喜んではいられない。畑小屋に入り、またお茶を飲んで、身体を横にした。その後遺症で身体がだるく、しばらく休養した。

私は、近くの村人に草取りを頼んだ。当地では畑仕事も「山仕事」と言う。かつては薪炭林や造成林の「日傭取《ひようとり》」(稼ぎ仕事)を、そのように言った。「山仕事」は田や畑の「賃稼ぎ」も言い、昨今ではそれを引き受ける村人は唯一人になった。二百坪の畑の草取りに三日間半もかかったようだ。

その時、「やれやれ」と思ったが、早くも一週間後には雑草が芽を出した。今後の夏は体調に注意して草取りに専念し、「山仕事」を頼まないことにしたいと思っていたら、妻が畑の一部を小鎌で一草一草根から取り除いてくれた。まだまだ雑草は、畑のあちらこちらにはびこっている。雑草が種を付けないうちに完全に除草することが勝敗の分かれ目だ。

畑に雑草を生えさせないように、梅雨の前から除草に励み、雑草の芽が出たら、除草を兼ねて耕耘機で耕すことが玄人の耕作者の当然の作業だろう。私は週一回の畑仕事だから、毎日のように耕耘機を動かすことが出来ない。草払機と耕耘機で除草した後、動作は緩慢だが、腰に負担がかからないように、小椅子に座り、小鎌で除草することにしている。ひと畝《うね》でも草取りを終え、タオルで汗を拭きながら、腰を延ばすと、清風を感じて爽やかな気分になる。

すべて山里の釣りに始まる

内山節著『里の在処《ありか》』(新潮社、二〇〇一年)を読む。一九五〇年、東京の世田谷で生まれた内山節は、東京都立新宿高校を卒業した。二十歳の頃、山里で川釣りを趣味にした内山は、たまたま群馬県南西端の山村・上野村の神流川《かんな》で山女《やまめ》や岩魚《いわな》の釣りをした。この上野村は一九八五年に日航機が御巣鷹山に墜落した山村として知られるようになった。

内山が好んだ釣りは、人里離れた源流近くの渓流の釣りではなく、畑、家、集落、山林の近くで、そこで働く村人の人影が見える川釣り、「山里の釣り」だった。上野村の釣り場に毎週のように出かけ、近くの鉱泉旅館を常宿とし、常連の釣り人や近くの村人と懇意になり、村人の好意で狭い畑を借り、野菜作りもした。

内山の『「里」という思想』（新潮選書、二〇〇五年）の紹介によれば、専攻は哲学、立教大学大学院教授（特別任用教員）である。「現在、東京と群馬の山村に暮らす」と紹介されている。内山は存在論、労働論、自然哲学、時間論、貨幣論、森林論、時評論など多方面の著書があって、行動派のユニークな「哲学者」として知られている。

内山は上野村では昼間は畑で野菜を作り、夕方になると川釣りをした。村人に誘われ、春は山菜採り、秋は松茸狩りをした。都市生まれの内山は、山村への憧憬が募り、この山里を「魂が帰りたがっている里」と自覚するようになった。そこで、民家を購入したいと、知り合いの村人に話を持ちかけた。空家を貸したいと言う旧村人はいたが、売りたいという旧村人はなかなか現れなかった。

上野村に二十五年余り通い、内山の念願が叶い、やっと空家を売りたいという旧村人の意向が伝えられ、親切な村人の仲介で直ちに購入した。内山は空家をリフォームし、五右衛門風呂を修理し、切り出した薪で風呂を沸かして入浴した。五畝の畑を借りて野菜を作り、荒れた林をチェーンソーで伐採して整備した。親戚のように集落の村人たちと交流を深め、山村暮らしを満喫した。

内山は『里の在処』を単行本として出版する際、序章と終章を新たに書き加えた。序章はのちに触れることにして、終章では「山里文化祭・おてんまの会」のメンバーの一人として参加し、そこに集った村人のそれぞれの特技を生かし、「伝統的な文化を継承しながら、現在の村の文化を再創造しつづけることである。そのためにはたえずつくりかえも必要になるだろう」（二三一頁）と考えた。

群馬県主催の「国民文化祭」の一環として、上野村は同村の「おてんまの会」と隣村の中里村の「山里の会」が共同で「山里文化祭」（二〇〇一年は四月から八月まで）を開催した。内山は森づくりフォーラムのメンバーとともに、上野村と中里村を繋ぐ中世の古道を復元し、標識を立て、ウォーキング出来るように整備した。将来、藤岡まで古道を復元したいと言う。

魂が帰りたがる里

『里の在処』は、一九九八年一月から九九年十一月まで、冬春夏秋と季節ごとに断続的に『新潮45』に連載された後、単行本として出版された。第一章「冬の陽ざし」で、内山が冬に購入した民家や集落の様子、周囲の景観、さらに売買交渉や名義変更の経緯、山村生活の冬の準備、新年会での挨拶（村入り）、集落水道の加入など自らの体験と観察を克明に記録している。

都会暮らしの私は、清澄な空気と爽快な清風と桂川の渓流のせせらぎ、夜空の月光が杲々と光を放ち、宵の明星をはじめ、北斗七星などなど満天を飾る星空を堪能した。当然のことだが、私にはこの山村を「忘れがたき故郷《ふるさと》」「思いいずる故郷」（『故郷』）という、異郷にあって離れた故郷を懐かしむようなノスタルジーはまったくない。だが、都市と比較して、山村が「後進地」だと考えたこともない。

小学生の頃、夏休みの前と後で「田舎」が格好の話題だった。当時、都会っ子には自然の豊かな「田舎」は憧れの場所だった。私は相模川の近くの母の実家の専業農家に夏休みに出かけ、いとこや遊び仲間と小川の小魚釣り、林の虫取り、相模川の水遊び、跡継ぎの年長の従兄弟《いとこ》が相模川で地方競馬に出走させる愛馬の体軀を洗っている光景などは、夏休みの絵日記の格好な題材だった。内山は〈田舎に帰る〉というときの〈田舎〉は、「自分の魂が帰りたがっている場所」（八頁）だそうだが、私は夏休みに「田舎に行く」のが楽しみだった。のちに、跡継ぎの従兄弟が法事の時、「都会の子が遊びに来ている。それが我が家の自慢だった」と話してくれた。

定年退職後、妻の実家の山村に通っている。「帰りたがる魂」に促され、週一回、野菜作りに出かけるのではない。私の野菜作りは趣味と健康が目的で、本読みと物書きで鈍った身体にたいする自分流のエクササイズ、精神的な疲労感を癒すための野外作業である。しかも、とりたての野菜はそれぞれ特有の香りがして味わいがある。体力が衰え、身体に痛みを覚えても、当分の間は野菜作りを止めるつもりはない。

都市は「ふるさと」か

私は、「都市化」とは都市地域における都市的生活様式の深化と農山村地域における浸透と考えている。農山村の生活も耐久消費財の普及、モータリゼーションとマスメディアによる交通通信手段など都市的生活様式とほとんど変わらない。

しかし、私が通う山村では保育所の廃止、小・中学校の廃校、診療所の閉院、農協支所の閉鎖、国道沿いにあった雑貨屋や駄菓子屋や美容院もシャッターを閉め、さらにスーパーもなければ、コンビニもない。当たり前の都市的生活からすれば、確かに不便極まりない。その不便を甘受すれば、工夫次第で日常生活でとくに困ることはない。現代社会は「全般的都市化の時代」で、農山村地域はそれを構成するセクターと考えている。

すでに触れたように、内山は東京の世田谷の住宅地に生まれた。子供の頃、近くには農家があり、小川や雑木林や草原で無心に遊んだ。だが、内山にとってそこは武蔵野の原風景を失い、「武蔵野の残像」だったと言う。だが、世田谷の新都市住民にとって、緑地化された公園は子どもにとって安全な遊び場であり、ヤングママや高齢者にとって格好の憩いの場であろう。この公園を「武蔵野の残像」と見なし、「ふるさと」を探し回ることもなかろう。

東京の世田谷の住宅地と群馬県の山村の上野村の二地域居住の内山にとって、世田谷の生家の暮しは上野村に非知性的な精神の「魂」を発見するための場所に過ぎなかったようだ。内山は『里の在処』の「序章」で「私はたまたま世田谷の住宅地に生まれたのだ。農民の子でもない。家業があるわけでもない」と書いているが、サラリーマンの子であれば、しごく当然のことだ。

そして、「どの土地にも根をもたない人間として、ふらふらと未来を歩いていくことを義務づけられている」(八頁)と書いている。全般的都市化の時代、農民の子であれ、家業のある跡継ぎであれ、ましてサラリーマンの子は自ら職業を選択し、学校で勉強し、あるいは職業訓練を受けて、「ふらふらと未来を歩いていく」のではなく、逞しく生きて行くこと以外にない。

山村からの哲学と実験

内山は都市の印刷・出版業に依拠して執筆し、著書を刊行した。さらに全国の森林研究会に出講し、後年は東京の都心の大学で職を得て、生計を確保した。東京・世田谷に暮し、群馬県上野村を「魂が帰りたがる場所」として神流川で「山里釣り」に没頭した二十歳の頃、内山は自ら根無し草として「ふらふらと未来を歩いていくこと」に不安な心情をいだきながら、「向都離村」の時代に逆行し、都市の生活と決別し、魂が共感する場所に定住したのであろう。

内山が執筆と講演、さらに大学の給与によって生計を維持することが出来なかったら、ただの川釣りの趣味人に過ぎず、この上野村に自らの「魂が帰りたがっている場所」を発見しても、そこに居住し続けることは叶わぬ夢に終わったであろう。

ところが、内山は自らの山村の体験と思索をもとに、近代の社会の行き詰まった文明を根底から批判した。

内山の一貫した主張は、一言でいえば、世界史の転換期の現在、「人間の文明を絶対視した近代の思想と決別する必要性に迫られている」(三五一頁)ということである。内山は都市ではなく、山村に定住し、「近代社会」、「近代の思想」の「呪縛の構造」にたいして、一貫して実践的・哲学的に「新たなコミュニティをデザイン」模索したのである。

（二〇一二年九月二五日、擱筆）

追記

内山節教授は、二〇一一年四月から七月にかけて立教大学大学院研究科で行った初回の講義を受講生がノートした記録を自ら加筆・訂正し、「21世紀社会デザインセンター」（受講した院生有志の会）が編集に協力して注釈をつけ、『ローカリズム原論—新しい共同体をデザインする』（農山漁村文化協会、二〇一二年）を出版している。その前年、内山は一九九七〇年代から群馬県上野村の「里と山」を観察・考察して、その一書として『共同体の基礎理論』を出版していた。

経済史研究の古典と称されている大塚久雄『共同体の基礎理論』（一九五五年）とその視点や見解はまったく異なるとはいえ、なぜ、内山はまったく同一の書名で出版したのか、大いに疑問だった。そのため、内山のこの著作は読まずにいた。しかも大塚久雄はマルクスの考察を踏まえて「共同体」をGemeindeの訳語として採用した。それ以降、村落共同体、あるいは農村共同体（ルーラル・コミュニティ）という概念を設定し、その特質と変容が解明されてきた。

内山は『ローカリズム原論』で、資本制市場経済、国民国家、市民社会、世界システムという現代世界の構成のもとで人々はバラバラな個人として存在するようになった。しかも現代世界の構成要素はますます劣化し、人々はますます退廃していると指摘している。本来、人間は社会や自然、さらに生者と死者からなる、さまざまな関係性（と共同性）を有する諸集団のなかで存在しているのである。

まさに東日本大震災が明らかにしたことは、「科学の根底」「国家の権威」が人々の「善意」によって承認されてきたことである。大震災の復興はこの巨大なシステム社会の空洞化という呪縛の「構造」から解放され、なによりも活動に参加する人々に開かれた持続可能な地域、コミュニティ、共同体として再建することであろう。

さて、内山は「共同体」を論じるために、マッキーヴァーの『コミュニティ』（訳書、一九七五年）やトクヴィルの『アメリカの民主政治』（訳書、一九八七年）をあらかじめ検討している。いうまでもなく、マッキーヴァーは社会関係の特定の側面に注目し、人々の共同的関心が満たされて共同生活をおくる「コミュニティ」と、人々が個別的諸関心を満たすために作られた組織体や結社を「アソシエーション」として概念規定した。「コミュニティ内には幾多のアソシエーションが存在し得るばかりでなく、敵対的なアソシエーションでさえ存在できる」。往々にして、コミュニティの「器官」が多様なアソシエーションである。

内山が住む山村集落は六戸だそうだが、(1)それを一番小さく、大きな家族としての「共同体」が作られ、(2)幾つかの集落が集まり、ひとつの広い「共同体」が作られ、(3)村々の集まり（行政村に当たる）がさらに広い「共同体」が作られている。このように、地域の「共同体」は単一ではなく、多層性があると指摘している。その点で、「共同体」はマッキーヴァーの「コミュニティ」の概念と一致する。しかし、ちなみに仕事別や出身地別の組織体、お寺の檀家や神社の氏子の組織体は、マッキーヴァー流にいえば、「アソシエーション」だが、内山の「共同体」論では「アソシエーション」という組織体を認めない。

その結果、内山は「共同体は二重概念でよい」と見なし、だが、「共同体」がただのサークルと異なるのは、「メンバーが何らかの苦境に立たされたとき、無条件で応援する、その精神を共有している」こと、そして「困ったときに見捨てるのは共同体ではない」という（六三頁）。趣味や教養を同じくする人々の集まりがサークルであるが、グループのメンバー間で相互扶助の精神が共有され、いざという時に実行されれば、そのグループは「共同体」と見なされる。それが新しい「共同体」のデザインの基調だとすれば、内山の「共同体」論そのものは極めて曖昧である。

ただ、内山は本書の「はしがき」で現代世界は「資本制市場経済、国民国家、市民社会の相互依存的な体系としてシステム化され」、「この二、三〇年のあいだに明らかな劣化を加速させてきた」と指摘している。そのため、「私たちは新しい思想、新しい行動原理をもたなければ、未来を語ることができなくなってしまった」という時代認識は重要だと考える。そのために現代世界において、人々が「新しい共同体をデザインする」新たな試みは大いに有意義だろう。

（二〇一五年三月二八日、擱筆）

第十五章　藻谷浩介・NHK広島取材班著『里山資本主義—日本経済は「安心の原理」で動く—』を読む（二〇一三年、KADOKAWA）

記録破りの大雪

山梨県では二月になって二度にわたり、記録的な大雪に見舞われた。二月八日、隣家の村人から電話で「お宅の玄関の廂《ひさし》が傾いているから、見に来るように」という連絡があった。天気予報を気にして、「どうしようか」と思案して数日が過ぎた。すると、二日連続、記録破りの大雪に見舞われた。JR中央線は不通となり、中央自動車道と甲州街道（国道）は交通止めになった。二m近い積雪の様子を電話で教えてくれた。近くの公民館を緊急避難所に開放したら、国道で交通止めにあった運転手や同乗者が殺到した。そこで、村人は炊き出し、大雪をついて温かいお茶や汁物、避寒のために毛布を持ち込んだと言う。今度は、さすが隣家の村人は電話で「見に来いよ」とは言わなかった。

例年、当地は雪が降って積雪しても、一、二日程度で溶け、冬の降雪は交通の障害にならず、雪害防除に万全な対策をとらずに済ませてきた。要するに、国道沿いに民家が並び、除雪した雪を捨てる恰好な場所もなかったため、国道の開通が遅れた。ところが、今年の大雪で国道はやっと二、三日後に片道一車線が開通したが、電車は五日間も止まり、村人は家に閉じ込められ、東京への通勤もままならなかったと言う。二月下旬、私は中央線が順調に運行していることを知り、高尾を経由して山梨県東部に出かけ、車窓から山々に例年にない大量の積雪を見た。国道沿いの妻の家の北側の玄関口は、国道を除雪した雪が身長ほどに堆積していた。雪を掻き分けてやっとの思いで南側隅の台所の入口から家に入ることが出来た。

　何枚も下着を着て、野良着に着替え、竹籠を背負い、畑に出かけた。新聞で覆っておいた白菜は、葉を何枚も剝いだが、凍みてとても食べられる状態ではなかった。晩秋に種蒔きしたエンドウと空豆の幼苗がこの大雪に耐えられたか如何か、一番心配だった。空豆は種蒔きの時期を逸すると、十分に育たず、しかも春には空豆の若いさやや茎に小さなアブラムシが密生し、株を弱らせ、大きな実は収穫出来ない。残雪を除くと、エンドウと空豆の幼苗がしっかりと見えた。今年こそはと意気込んで種蒔きをしたので、一先《ひとま》ずほっとした。なかなか地温が上がらず、生長が遅かったが、五月なって収穫したスナップエンドウを湯掻いて口にすると、緑色のさやと豆は甘味が濃く、適当に歯ごたえがあった。

　スズメやカラスなどの野鳥の姿はめっきり見かけなくなったが、雪が消え、かき菜とキャベツの葉を見ると、椋鳥の一群に食害されていた。その周りに支柱を立て、防鳥用の黄色いテープを張った。五月の連休に孫に畑の苺をもいでナチュラルな味を堪能させようとして、保温用に透明のポリフィルムマルチを被せて、手でマルチを破り、苺の株を表面に出した。だが、白い花が咲いた後、小さな花托を摘果するのを失念したため、成った実は大粒・中粒・小粒と不揃いだった。久しぶりに畑仕事をしていると、馴染みの村人が畑に来て、「これからジャガイモの種芋を植えるのだ」と言って、種芋の蒔き方を伝授してくれた。ただ、大雪後の長期の積雪で地温が上がらず、果たしてジャガイモが順調に発芽するか如何か、心配だった。そのため、種芋を蒔くのはしばらく様子を見ることにした。

まずジャガイモの種芋の植え付け

冬の農閑期が終り、早春の最初の畑仕事はジャガイモの種芋を植え付けることである。「これから始める」「もう終わった」などと、種芋を植え付ける時期、さらに品種や数量について、初春を迎え、村人は農道で弾んだ会話が交わされる。例年と比較して、今年はなかなか発芽せず、幼い葉がやっと生長した。すでに「八十八夜の別れ霜」、遅霜が降る五月二日も過ぎ、葉が枯れる心配もなくなった。たとえ熱心に芽欠き、中耕、土寄せをしても、収穫と収量は最終的には運を天に任せるしかない。昨年は種芋を植え過ぎ、畑の小屋に入りきらず、家の倉庫にも収納した。今年は寒冷のため凍みたジャガイモが多く、植える種芋は多くはなかった。

村人は食べ残した男爵芋のうち、傷んでいない芋を慎重に選び、長く伸びた芽を欠き、そのまま種芋に使う。それは、ウイルス病に侵され易いが、ある程度成長したら、葉や茎が枯れる前に小粒の新ジャガを収穫する。私も村人に倣って、食べ残したジャガイモの芽が出た男爵芋と秋作のテジマを種芋として植えることにした。のちに分かったことだが、年越しのジャガイモの種芋の生長はまったく思わしくない。

今年は、保管したジャガイモの他、農協から購入した検査済みの男爵芋五キロ、自宅近くのホームセンターで買ったメークイン、キタアカリ、アンデス赤各一キロを種芋として植え、合わせて十キロほど植えたことになる。中耕や土寄せをして、しかも天候に恵まれ、立派に生長したら、種芋の五倍以上の収量があると言われている。ジャガイモは種芋を植えてから収穫までの期間が短く、しかも長く常温で保存が出来、根菜類のうちで最も有難い野菜だ。梅雨が終る頃の晴れ間に収穫出来るのが楽しみだ（だが、芽にはソラニンという有毒物質が含まれているので、しっかり取り除き、大量に食べると、中毒症状を起こすそうだ）。

次に里芋の種芋の植え付け

畑で次の作業は里芋の種芋の植え付けだ。ただ、ジャガイモの種芋の植え付けと収穫が異なるのは、地中に埋めた里芋を掘り出し、それを種芋に使うことと、収穫まで半年以上も栽培期間が長いということである。地中から種芋用に里芋を掘り出すと、やはり大雪のためか、里芋は凍みて傷んでいた。腐敗した里芋を捨て、傷んだ部分を切除し、芽の付き具合を良く観察して、病害予防に草木灰をつける。畝の作り方、種芋の植え方や肥料の置き方はジャガイモの場合と同じだが、長期栽培の里芋は防草のためにかまぼこ状の高畝の上を黒マルチフィルムで覆う点で異なる。里芋が発芽すると、フィルムはテントを張った状態になり、鋏で穴を開け、芽を地表に出し、後で芽欠きをして茎を一本にする。

今年は里芋四作を一先《ま》ず植え、これで終わったと思った。ところが、妻はアカメ（赤芽大吉、またはセルベス）が食べたいと言い出し、近くの村人に種芋があれば、貰えないかと頼んだ。所詮、この種芋を植え付けるのは言い出しっ屁の地主の妻ではなく、作男の私だが、貰った種芋二十個はたしかに赤い芽が芽立ちしていた。種芋を手に取ってひとつひとつ点検すると、なかにはやはり凍みて傷んでいた。この種芋も大雪の冷害の影響を受けたのであろう。今後、温度が上昇する前に、畝間の雑草と水分の蒸発にたいしてどのような対策をすべきか、対応しなければならない。昨年は妻の提唱で畝間に古いむしろ（畳表）を敷いたので、雑草もたいして生えず、葉と茎は立派に生長し、大収量だった。

老いて風景を眺める

私は文字通り「花より団子」の類《たぐい》で、土をいじって花を観賞するよりも、畑作業をして収穫という実益を好む。そのため、野菜以外の畑の野草はすべて雑草と見なし、不倶戴天の敵として小鎌で、草刈機で、耕耘機でともかく除草することにしている。花壇の花を眺めても、繊細な花だ、可憐な花だ、ボリューム満点の花だ、豪華な花だと感じる程度で、花の特徴や名称、その名称の由来、花言葉などを詮索したことはない。木の花もまた同じで、四季の到来を知る程度である。ドイツで経験したことだが、盛んにドイツ人は「シェーネ・マイ（美しき五月）」と言う。寒く、うっとうしい長い冬を終え、五月になってクロッカス、福寿草、金盞花などの野草が一斉に開花する。大雪のためか、私は今年ほどこの地で「シェーネ・マイ」と感じたことはない。

山梨県東部の桂川沿いの農山村一帯は「郡内《ぐんない》」（山梨県旧南・北都留郡の古称）と称し、とくに桂川の二段ないし三段の河岸段丘上の平地に集落が形成されている。上段に妻の家と畑があって、一泊のいわばショートステイをして、野菜作りをしてきた。畑で小雨が降りだすと、対岸の山々の谷間から霧（靄《もや》）が発生し、東に流れると、本降りとなる。霧が西に流れると、雨が上がる。村人はこの自然現象を熟知し、霧の行方を観察して天気を判断する。晴れていても、周辺の天空の太陽と雲行きを観察して、これからの天気の変化を予想する。村人は雨が降りそうだと、畑仕事を切り上げ、早々と家に帰っていく。私は小雨程度であれば、畑仕事を続け、小雨が降り続けば、小屋に入って雨模様を見る。本降りになると、初めて畑を後にすることにしている。畑仕事は毎週一泊二日と決めているので、それも止むを得ない。

返された畑を花畑にしようとしたが

一年前の秋、河岸段丘の下段の貸していた一五〇坪の畑（もと水田）を、耕作していた借り主が高齢化したため、地主の妻に返された。この一帯は三島由紀夫著『豊饒の海』第二巻『奔馬』第二十二章以降に登場する。返された畑は桂川渓谷のすぐ近くにあり、私が寝泊まりする家や耕作している農地からかなり遠く、しかも崖沿いの急峻で、起伏の激しい坂道がある。重い草刈機をもって、往復しなければならない。足腰の弱くなった私には、往復するだけでも実にしんどい。

返された畑を耕作放棄地にする訳にもいかず、上段の畑仕事の合間に下段の畑に行き、草を刈ったところに花の種を蒔くか、球根を植えて花畑にすることにした。冬、試みにその畑の西側に緑肥用の蓮華草の種を蒔いた。春になって、蓮華草は紅紫色の蝶形の花が輪状に咲き、畑の中央にホームセンターで買ったチューリップの球根六個の花が桃色に咲いていた。その周りに、ひまわりとマリーゴールドの種を蒔いたが、まだ咲いていない。畦道を通る村人はチューリップや蓮花草の花を見て、さぞ驚いたに違いない。

ところが、おなじような紅紫色で輪状に花をつけた仏の座を三角ホーで刈ったついでに、間違えて蓮華草の一部も刈ってしまった。まだ小さな杉菜を刈り、畑の南側に緑肥用のホワイトクローバー一袋の種を蒔いた。その一週間後、クローバーは点々と発芽していた。初夏になれば、畑の花はたしかに生長するが、同時に雑草もまたたくましく生長する。そうなれば、除草はもはや手鎌や三角ホーでは手に負えない。そこで、重い草刈機を担いで持ち込み、密生した雑草を刈ったついでに、緑化用のソバの種一袋（一kg）を蒔いた。クローバーやソバも遅くとも六月には白い花を咲かせるだろう。雑草防止と多少の観賞用になってくれれば、大変有難い。

近辺の村人はその畑の持ち主が私の妻だと知っているが、ときどき現れる私をあまり見かけることのない「よそ者」と見做しているようだ。村人は、よそ者が畑に来て、乱雑に草花を咲かせ、何事をしているのかと、さぞや奇妙に思うだろう。私は、この畑に雑草が生えるままに放置して、荒地にしておくよりも、とりあえず、草刈機で除草し、花畑にしておく方が結構なことだと思うことにしている。「花より団子」の私は、花の球根を植え、あるいは緑肥の蓮華草やソバの種を蒔くということは何分にも初めてなことで、どうなるか皆目見当がつかない。だから、ガーデニングなどと言って、花の咲く時期、種類、色彩に凝る気はさらさらなかった。

「里と山」の惨状

今後もこの畑に出掛けることになる。そのついでに、この典型的な里山の集落、農民の暮しや農地の現状について観察し、知見を得たいと思う。「奥山」との対比で「里山」と言い、それは「人里近くにあって人々の生活と結びついた山・森林」（『広辞苑』）、つまり「里の山」を意味する。私はあえて「里と山」（農山村）、農業地域の類型で言えば、都市的地域や平地農業地域と異なる「中山間農業地域」（中間農業地域と山間農業地域）の事例と考え、この地域を危機に直面した「里山」の一つの事例として観察したい。

さて、「中山間農業地域」（里山）と「離島」（里海）と言えば、それに属する市町村数は全市町村総数の過半数を占め、しかも人口の自然減と社会減、若者層の就業機会の不足、高齢化と過疎化、耕作放棄と農地の荒廃がイメージされ、総じて農村問題の危機的状況が集中的に現れている。すでに言い古されたが、経済の高度成長期のいわゆる「エネルギー革命」による山村の薪炭生産の崩壊、減反政策の導入とコメの輸入自由化、貿易自由化のためのウルグアイ・ラウンド農業合意による農産物の原則関税化とその引き下げなどによって、政策的に対応を迫られ、日本の農業生産は変容し、家族経営的な小規模農業は衰退を余儀なくされた。その結果、農山村は危機的な局面に立たされている。しかも、現在交渉中のＴＰＰ（環太平洋経済連携協定）――厳しい日米貿易交渉が続けられていると報じられているが、結局はとんだ茶番劇だ――の実施によって、これまで以上に農産物輸入を容易にして、明らかに農畜産業の衰退が予測される。

このような農山村、とくに「中山間地域」の危機に直面し、保母武彦は地域外から資本や企業を自治体が誘致する「従来型の外発的開発」にたいして、それぞれの地域の生態系の特色を生かし、持続的に維持可能な「内発的発展」を提唱し、そのための「基本政策」として（一）農山村の自前の発展努力、（二）農山村と都市との連携、（三）国家財政による中山間地域維持政策を指摘し、これら三つの政策の結合が強調されている。とくに貴重な事例として北海道下川町、宮崎県綾町、新潟県塩沢町石内区などを紹介している（保母武彦『日本の農山村をどのように再生するか』、岩波現代文庫、一五四頁以下）。

ところが、東日本大震災と福島原発事故（「三・一一」）を契機に、日本経済の「成長神話」と「安全神話」の終焉が提起され、現代文明の限界という歴史的認識をもたらした。それと同時に持続的に維持可能にする日本の社会経済の展開、むしろ過疎、少子高齢化、農林業の衰退、環境の劣化に直面している農山村の「内発的発展」のために、保母は「農山村をなぜ再生しなければならないのか」、「どんな農山村を目標とすべきか」、「農山村をどのように再生するか」という課題を読者自身に投げかけることで締めくくった（同書、二三二頁）。本書を農山村の厳密な分析と克明な考察、農政批判の農政学の啓蒙書として読むことが出来るが、残念ながら、私には農山村を再生するための実践的かつ具体的な手引き書として読むことは出来ない。

里山への関心と拡がり

アメリカの巨大証券会社のリーマン・ブラザーズの破綻に始まるリーマンショックは、表面的な好景気のアメリカ経済に危機をもたらし、さらにユーロ圏にも飛び火した。世界経済を震撼させたサブプライムローンや高利回りの金融商品を頂点とするマネー資本主義、「お金がお金を生む」という経済システムが破綻した。ところが、のちに触れる田中淳夫によれば、それ以前の二〇世紀の終わりごろから静かな里山ブームが起き、それは一過性のブームに終わらず、むしろブームはとくに都市の若年層にも拡大していると実感するようになった。

さて、これから触れる藻谷浩介は『デフレの正体—経済は「人口の波」で動く』（二〇一〇年）で、メディアで流布している「デフレ」「不景気」「生産性向上」「成長戦略」などのスローガンは曖昧で具体性に欠けるとして、既成の官庁統計その他をもとに独自に分析し、かつ明快な統計図表を作成し、最後に「高齢富裕層から若者への所得移転を」「女性の就労と経営参加を当たり前に」「労働者ではなく外国人観光客・短期定住客の受け入れ」を提唱している。NHK広島取材班（日本放送協会広島放送局）の井上恭介、夜久恭裕は『デフレの正体』を読み、「目から鱗が落ち」、共同でテレビ番組を制作した後、新たに書き下ろして出版されたのが、『里山資本主義』である。出版当初からベストセラーであるから、すでに読者は本書を読まれているかも知れない。

ＮＨＫ広島取材班は中国山地の岡山県真庭市で木質バイオマス発電や木質ペレットの製造業者、同じ中国山地の広島県庄原市総領町で暖房用や煮炊き調理用のエコストーブ、瀬戸内海の山口県の柑橘類の生産の盛んな周防大島のジャム製造家や養蜂業者などをテレビ取材し、さらに海外では国土の七割以上も山地のオーストリアの製材所や木造の七階建て高層建築、森林マイスター制度などを取材した結果、巨大発電所が生み出した二〇世紀型のエネルギーシステムを転換し、小口の電力を地域の中で効率的に生産・消費し、自立する二一世紀型の新システムとして確立するようになると予言した。

「里山資本主義」とは、マネーにすべて依存する「マネー資本主義」の経済システムたいして、自ら生活に不可欠な水、食料、燃料を確保するために暮らし、必要以上のマネーがなくとも生活可能なサブシステムを再構築しようとして案出された造語である。それは森林や相互扶助の人間関係という資産に加え、たえず生活に直結した最新のテクノロジーを開発し、つねに安心で安全な未来を志向する生活方針である。

だが、全国を取材したが、地図で見れば、単に点的存在であり、果たして都市遠隔の中山間地域が「全国どこでも真似できるモデル」となるであろうか。つまり、全国的に面的に広がりが可能であろうか。日本の高齢化と過疎地、かつて「里の山」で育った材木林は外国の安い輸入木材に押され、さらに薪炭林も石油・ガス・電気のエネルギーによって顧みられなくなって、ハイキング・コースを除き、「里の山」は人跡未踏の「奥の山」になった。しかも田畑はいずれ荒地となり、耕作放棄地となるだろう。

たしかに、すでに触れた保母武彦の「農山村の内発的発展論の見地」で明らかにされた三つの政策は、地域に即したハードとソフトの資源を結合した各地域が、本書の「里山資本主義」の適切な取材対象となりえたのである。だが、テレビの放映、異色の出版で大いに関心をよんだが、「里と山」が「課題先進国を救う最先端のモデル」となるには、

「農山村の自前の発展努力」が前提となる。

里山に未来を託すのは可能か

一般的に言って、『耕作放棄地』は希望の条件がすべて揃った理想的な環境」、「耕作放棄地活用の肝は、楽しむことだ」（NHK取材班）というには、荒地を市民農園として貸したり、あるいは淡水魚の養殖池に利用することで可能だろう。しかし、先祖伝来の田畑を自分の代で耕作放棄地にするのは何とも情けないが、如何せん、後継の耕作者が不在で、しかも耕作者自身が超高齢化したために、草を刈るだけの体力も残されていない。まだ体力のある高齢者は自分の畑を耕し、ただ自給用に野菜を収穫するのに精一杯で、一駅離れた農協直営の直売所へ商品として超新鮮な野菜を出荷するには余りにも障害が大きい。

河岸段丘の下段の畑から北側にある家々を見ると、養蚕で栄えた時期の家屋の風情は、わずかに一軒を残すだけであった。それ以外は多少広いが、都市風の家屋が大半である。なかには空き家というよりも、窓ガラスは割れ、玄関口は歪み、記録破りの大雪で屋根のトタン板は破壊され、明らかに廃屋を見かけた。さらに土建業に励む農家もあって、数台の車の他、錆びた鉄管やおよそ使用不能な木材が乱雑に収納された二階建ての堅牢なコンクリート造りの倉庫が見られた。農道沿いの空き地に農機具や工事用の機具が乱雑に放置されていた。建設・工事業を廃業したのかどうか分からない。今冬の二度に亘る大雪のため、屋根が破損したり、屋根瓦が移動したり、外壁が損傷したりして、地元の住宅建設業者に緊急な発注が生じたようである。年度内に契約が成立したことから、三％の消費増税を免れたそうだ。ただ、夏になって緊急な修復が一段落すると、地元の業者に仕事の発注が続くかどうか分からない。

下段で耕作する村人は「土壌が良いから、収穫した野菜は抜群に美味い」と自慢している。残念ながら、私はここで野菜を栽培する手間とひまはなく、雑草が茂る耕作放棄地にしてしまった。春、下段の隣の畑は他人《ひと》に金を支払い、手がりで除草し、雑草の芽が出てくる頃、耕耘機を転がし、不作付け地にしたようだ。毎日が日曜日の我が身だが、所詮は余所者に過ぎない。だから、健康と趣味の野菜作りを終えたなら、さっさと畑を退散することにしている。都市近郊の狭苦しい生活とは異なり、空の模様を気にしながら、野菜作りのために土に馴染み、くたびれて桂川対岸の山林を眺めていると、たしかに爽快な気分になる。

村人のなかには、この山林では炭焼きをするため、焼き人《びと》として定住した。その後、ハツリ屋とよばれる解体・土建業の一人親方として暮した。一時期、分収育林としてスギやヒノキの針葉樹が植林されたが、すでに人の手の入らない「奥の山」として放置されている。スーパー林道がせっせと新設されているが、皮肉なことに、木材や林産物の運搬のための林道として使用されず、土砂を桂川沿いの岩壁に捨てるために大型トラックが走行している。トラック一台分の土砂を捨てると、地権者に相応の金銭が支払われるそうだ。だが、鮎の恰好の釣り場の桂川はどうなるのであろうか。しかもこの林道の各所の路肩に産業廃案物の投棄禁止の警告板が立っている。

これまで触れた『日本の農山村をどう再生するか』、『里山資本主義』で取材・紹介された事例のように、農山村の特性を生かし、村人の自主的な努力によって、「内発的発展」を遂げた地域もあろう。すべて金銭に換算し、人間への敬意や自然の恵みを実感することのない「マネー資本主義」に代え、「里山資本主義」の要素を取り込むことで、果たして「明るい高齢化社会を生み出す」ことが出来るであろうか。現に、高齢の耕作者は足腰の痛みに耐えて野良仕事をしている。彼らは、都市でサラリーマン生活を送る息子、遠くに嫁に行った娘が先祖伝来のこの田畑をどのように考えているのか、絶えず不安がよぎるであろう。『里山資本主義』の結語として、藻谷浩介は「爽やかな風が吹き抜ける未来、もう、一度は忘れ去られた里山の麓《ふもと》から始まっている」と力説しているが、私が通う里山について言えば、「里と山」は荒廃し、もはや再生不能で、そこに望みを託するには時期を失したと考える。

（擱筆、平成二六年六月末日）

文献

□藻谷浩介『デフレの正体―経済は「人口の波」で動く』（角川新書、二〇一〇年）
□保母武彦『日本の農山村をどう再生するか』（岩波現代文庫、二〇一三年）
□古屋富雄『兼農サラリーマンの力』（栄光出版社、二〇一三年）
□古屋富雄「来たれ、市民農業者たち！～市民農業者塾の開設～」（『まんじ』一三六号、二〇一五年）

第十六章　田中淳夫著『いま里山が必要な理由《わけ》』を読む
（二〇一一年、洋泉社、改訂版）

里山への関心とその多面的機能

すでに触れたように、森林ジャーナリストの田中淳夫は本書の「はじめに」で、二〇世紀の終わりごろから静かな里山ブームが起きていると感じた。その後、里山ブームは一過性に終わらず、都市住民に里山の風景にどこか懐かしい気持ちを提供し、里山はなぜか身近な自然として注目されるようになったと、指摘している。

リーマンショックは世界経済を震撼させ、「お金がお金を生む」という経済システムの再検討がますます迫られるようになった。投資資本（ファンド）の運用による金融商品を頂点とする「マネー資本主義」にたいして、里山に住む人々が自らの生活と価値観を見直し、絶えず創意工夫を凝らし、頑固に生きる「里山資本主義」が提唱されるようになった。都市に住む若者にも一定の関心が寄せられ、里山を含む、農山村に生きがいを見出し、定住することも時代の一つの風潮となった。そこで、「里山」とは「里の山」ではなく、「里と山」を意味する。ところが、私が耕作している梁川の山狭村から眺望する「里の山」、つまり人里から地理的にそう遠く離れていない、標高一〇〇〇m未満の山地や山林（林道を除く）は地権者や管理者がほとんど立ち入ることのない「人里離れた奥深い山」（『広辞苑』）、つまり「奥山」同然となっている。

たしかに、都市住民の自然志向の高まり、自然環境に対する意識の変化、巨大都市の弊害にたいして「里と山」が注目されるようになった。それぞれの「里と山」は平地農村とは異なり、著名な観光地や行楽地とは別に、「里山」と称し、そこを舞台にハイキングや自然観察、NPOや地方自治体、地域農協などの「里山の保存活動」やグリーンツーリズム、農家民宿の開業、市民農園の開園、農産物直売所の開設など、村人は都市住民に開かれた「里と山」の「内発的発展」を積極的に志向するようになった。だが、結論をさきに言えば、高齢化と過疎化の著しい里山では、時代の変化とニーズに対応した「内発的発展」はほとんど期待できない。まして「国家財政」や「地方財政」、さらに農協事業による中山間地域の組織的・系列的な維持・助成などに期待することもできない。

従来、農政や農政学を始め、農村経済学、農村社会学などでは、一般に政策的・学問的には平場農村よりも「農山村」が対象とされている。「農山村」は「農村」と「山村」に加えて「漁村」を含み、実質的には「農山漁村」を意味する。近年、「農業・農村の多面的機能」が注目され、「農山村」は農畜産物の生産のほか、土砂災害防止などの国土の保全、水源の涵養、生物多様性の保持などの自然環境の保全、人々の心が安らぐ良好な自然景観の存在、農山村起源の文化の伝承など、多くの役割を有する「多面的機能」が強調されるようになった。

田中淳夫は奈良県の西南の生駒山中に二畳程のデッキを造り、それを「森遊び研究所」と称し、雑木林や鎮守の森、さらに無数の山間棚田、数多くの溜め池、散在する人家、山中に伸びた山道を眺め、それらを「里山」と称している。世界各地の森林地帯を探索し、求めに応じて林業ジャーナリストとして日本各地の「里山」のあり方についてを指導・助言している。

すでに触れたように、私が野菜作りのために通うJR中央線沿線の山梨県東部の「郡内《ぐんない》」は、東京の八王子や立川は優に通勤圏であるが、標高約二八〇mの畑から眺める標高約八〇〇m以上の山々は、確かに「里の山」である。そこを人跡未踏と言うのは余りにも大げさな表現だが、いずれにせよ、「奥山」に近い。だが、その尾根伝いにトレッキングコースが整備され、標高一〇〇〇m級の倉岳などの山頂はハイカーには秀麗な富士山を眺望することが出来る人気のスポットである。

里芋の大豊作と葉菜類の食害

十一月から初霜まで、里芋掘りの時期である。この年二月、二度も記録破りの大雪が降った。そのためであろうか、四月に地中から掘った種芋用の里芋は凍みて傷んでいたので、その箇所を包丁で除いた。もし、里芋が発芽しなければ、それはそれで仕方がないと考えた。土をかまぼこ状に高畝にして、その上に黒マルチフィルムを覆い、駄目元《もと》と思い、かなり大量の土垂《どた》れと八つ頭の種芋を黒マルチに穴を開け、土中に深めに埋めた。

時期的に前後するが、九月になって、親しい村人から白菜の苗二五本とブロッコリーの苗五本をもらい、さらに隣の畑の村人から余ったかき菜の苗をもらった。その他、ホームセンターで購入したキャベツの苗も高畝に植えた。保温と防虫予防のために、高畝の上に園芸用の不織布をしばらくベタガケにした。その後、根付いたのを確認して、不織布を外した。白菜などの葉菜類は大きく生長し、晩秋から冬にかけて収穫を楽しみにしていた。

ところが、立派に生長した白菜、キャベツの葉は外から内まで、またブロッコリー、チンゲンサイの葉もアオムシ、ヨトウムシ、コナガ、ハスモンヨトウの幼虫などに盛大に食害され、白菜やキャベツの葉を取り除いてみないと、どこまで食害されたか、分からない。近くの農薬を散布した畑を除き、周りの畑の耕作者に聞いたところ、例年になく、猛暑の影響か、今秋は盛大に食害されたとのことである。

かき菜の苗は雨が降らず、十分に水を撒けなかったので、貧弱に生長したが、害虫には食害されなかった。かき菜は丈夫な野菜なので、無事に越冬してくれるだろう。小松菜、ほうれん草、春菊、チンゲンサイの露地植えの葉菜類の収穫が終わり、葉菜類が払底する四、五月頃、マイナーな野菜のかき菜は手で葉と茎を掻き取っても、脇芽がたくましく生長し、とくに太くなった茎には甘味があって、大変有難い葉物だ。

今秋は、大根、ニンジン、カブなどの根菜類と玉ねぎの苗やニンニクの球根を植える場所を約二〇〇坪の畑の西側にした。畑の東側には小松菜、ほうれん草、チンゲンサイ、春菊などの葉菜類の種を蒔くことにした。最初に種を蒔いたほうれん草の葉はかなり食害されたが、残った葉と茎を収穫して湯がいて食べたが、特有のほのかな甘味に欠けていた。それ以上に、無残だったのはチンゲンサイだった。種を蒔いたあと、ベタガケをしなかったため、幼苗はすべて食害されてしまったので、そのまま放置した。

「里の山」と紅葉の景観

畑仕事にくたびれて、小椅子に座り、桂川の深い渓谷の南側に標高一〇〇〇m以下の「里の山」を眺望することが出来る。畑仕事を始めた頃、小椅子に座って野菜作りのテキストをながめ、それに従い、野菜作りをした。もはやテキスト類は不要となった代わりに、加齢のため、くたびれて小椅子に座る機会も多くなった。今秋は『いま里山が必要な理由《わけ》』を開き、眼前の「里の山」の紅葉をかなり熱心に眺望した。

一時期、「分収造林」という制度―官行林業の一環―で、集中的に檜や杉などの常緑樹が植林された。言うまでもなく、その一帯は紅葉せず、当地を取材した三島由紀夫は、後に小説『奔馬』で記述した。三島は、晩秋の空の下で「どの山も杉が多く、杉木立の部分だけが、まわりの温和な紅葉の中に、暗く憟然としている」と書いている（二三章）。私は、「暗く憟然」としているというよりも、むしろ広葉樹のぼんやりした赤色、黄色、褐色の多彩な紅葉樹の中で、杉の木立は間伐されず「暗く陰鬱」とした光景を呈していると、実感している。もっとも、同じ「陰鬱」な光景は、杉の木立だけではなく、檜の木立も同じである。

楓は紅葉を代表する。「もみじ」は「もみづ」（紅《もみ》に染まる）という表現から生まれたそうだ。他に、紅葉する樹木は漆、櫨《はぜ》も有名だが、銀杏、プラタナス、ダケカンバなどは黄葉し、それも「もみづ」とも表現するようだ。それは黄色の「籾殻《もみ》」「籾米」に由来するのであろうか。黄葉は訓では紅菜と同じく「もみじ」と読む。

紅葉は人里の家の塀や壁などに這う蔓性の蔦《つた》などに始まり、次第に山々の下から上の山頂の落葉樹に及ぶことが観察された。私は山々の赤色、黄色、茶色に全山錦繡の景観を堪能したいが、残念ながら、あの濃緑の陰鬱な杉と檜の密生した木立の針葉樹林帯が妨害し、十分に満喫出来たとは言えない。もっとも、近視の私はこの綿繡の景観をただ漠然と眺望するだけで、まして広葉樹のそれぞれの樹木やその名称までは分からない。旧暦で立冬を過ぎれば、錦秋とは言わず、俳句の季語では、冬紅葉と言うそうである。もっとも「紅葉かつ散る」といえば秋の季語だそうである。

里山のニュータウン

田中淳夫著『いま里山が必要な理由《わけ》』（二〇一一年）を検討しよう。田中は森林ジャーナリストとして日本最古の里山、大阪と奈良の境に位置する生駒山とその裾野を拠点にして、日本各地の里山、さらに外国では焼畑農耕のボルネオや人工林のアマゾンの里山に出かけた。そこで、「原生林と都市の間には、人の手を加えつつ豊かな里山の自然が存在する。そして里山こそ人類とともに歩んできた自然環境である」（三三頁）として、人類と自然の間に里山の存在とその歴史を位置づけている。

田中は「里と山」の再生という観点から、その自然生態系や生物多様性に注目しながら、里山に「人の手が入りすぎる」という「開発」（破壊）による「危機」と、里山に「人の手が入らない」という「放棄」（衰退）による「危機」という二つの現象の問題を、それぞれ指摘している。

前者は、私が通う身近な里山で言えば、山梨県上野原市四方津《しおつ》コモアの大規模なニュータウン、つまり住宅団地、学校、診療所、スーパー・マーケット、さらに農協が経営する直売所とレストラン、四ヶ所の集会所、レストランから眺望できる広大な造成されたゴルフ場。最寄りの中央線の四方津駅からこの一〇〇〇戸の戸建ての住宅に住む通勤・

通学者の通路のほか、山腹の急斜面に簡易なケーブルカーが敷設され、さらに甲州街道との自動車の往来のために、山腹を掘って道路トンネルが築造された。

宮崎駿監督のアニメーション映画「千と千尋の神隠し」(二〇〇一年)の冒頭のシーンは、この道路トンネルをイメージして映像化されたと言われている。宮崎駿自身の意図は分からないが、私は、大資本と地方自治体による山地一帯の、住宅団地とゴルフ場の大規模な開発にたいして、環境保護派の宮崎が警鐘を鳴らしているのではないかと、推測している。だが、「里の山」が開発され、この「緑の町」に新たな人間関係や都市的な生活様式とともに、新たなコミュニティが形成されている。しかも伝統的なイベント、例えば、自治会主催の団地運動会や演芸会、神社の神輿《みこし》かつぎなどが挙行されている。

後者の里山に「人の手が入らない」格好の事例は、私が野菜作りのために通う「里と山」であろう。桂川の河岸段丘の上段と下段の農地は、かつて水田耕作を可能にするため生産基盤が整備された。その一帯は区画も整備され、桂川の水を揚水機でポンプアップし、コンクリート製の水路も設置されている。上段の水田には新たに農土を入れ、揚水機は停止し、畑地として耕作され、高齢の年金受給者によって自給用の野菜が栽培されている。下段はただ二戸の農家だけが水田耕作をしているが、老朽化した揚水機はたびたび故障し、修理しながら、使用している。いずれにせよ、将来は水田耕作の中止を余儀なくされるであろう。

常時、二戸の農家が交代して六枚の水田を共同で管理している。稲刈りのあと、その稲を横に組み上げた竹に掛けて干す「稲架《はざ》」。この一連の作業は、晴れの日が続き、他出している息子たちを呼び寄せ、一家総出で短期間に終了しなければならない。さらに、水田のための農業機械として、田植機のほか、複雑なコンバインなどを備える必要がある。自給用の白米は、揚水機の電気料金を払うことを考えると、金銭的にも決して割が合わないそうだ。毎年、二戸の農家は水田耕作を今年も継続するのか、今年こそは中止するのか、真剣に考え込んでいるように見える。

気になる二つの記述

田中は、すでにふれた里山（中山間地域）の生態系と「多面的機能」を自らの体験と観察をまじえて、極めて具体的に記述している。私は「里と山」の観察と記述に大いに啓発されたが、私の里山の観察と体験から見て、何点かの疑念を払拭出来ないでいる。

まず第一に、田中は生駒山を事例にして、「里山の危機」の一例として「イノシシが里山から人を追う」と記述している（八四頁）。嗅覚が鋭く、夜行性のイノシシは人里にも出没する。畑仕事をはじめた秋、私は村人が盛んに「イノシシが出たゾ」と言うのを聞いた。イノシシはさつま芋が大好物で、食餌されることを心配した。畑に三十本の挿し穂を植え、生長したさつま芋の葉と茎は、何事もなかったが、その下をスコップで掘り返すと、さつま芋はイノシシに食餌され、ただ啞然としたが、イノシシの御挨拶として、一本だけ残されていた。その後、自治体から補助金が交付されたこともあって、周囲の村人と相談して、畑の周囲にフェンスをめぐらした。

夜間、イノシシは相変わらず出没しているようだが、フェンスを越えてさつま芋を食餌されたことはない。ところが、里山の畑をフェンスで囲っても、猿の群れはそれを簡単に乗り越え、猿の被害に合い、耕作を断念したという話は、しばしば耳にする。要するに、フェンスを造れば、「イノシシが里山から人を追い出す」ことはない。最近はフェンスのない農地に鹿らしい足跡を見かけるようになった。村人の話では、フェンスのない畑のニンジンが被害にあったそうだ。

第二の疑問点は、農薬散布の問題である。田中は「通常残留する農薬の濃度の低さは、人体に影響を与えるようには思えない」。だが、農薬は環境ホルモンのように身体に害をを与えることも考えられる。しかし、田中は残留農薬に「それほど神経質になることもない」と指摘している（九五頁）。そのことに関連し、無農薬栽培のために病気や虫食い状態の野菜は、防御用に「毒性物質」が分泌されている可能性があると指摘している。

私は、農薬で野菜の病害虫を殺すよりも、虫が好んで食う野菜だから、野菜についた病害虫の葉を取り除き、湯がいて食べることができると楽観していた（もっとも、病虫害にあわない野菜もある）。だが、程度の相違はあろうが、虫食い状態の野菜にはそのメカニズムとして「毒性物質」が分泌されているという指摘を読み、そのことが果たして何処まで真実かどうか、不明だ。今後、多少でも虫食いの野菜を食べることにいささか不安を覚えた。だが、農薬散布か、野菜は「毒性物質」を分泌するのか、私には今のところその安全性について真偽の程は分からない。

里山は果たして再生可能か

私は週一回、一泊二日の野菜作りに多忙で、ただ、村人と農道や畑の柵越しに今年の作柄や世間話をする程度である。私は妻が相続した実家と畑を往来し、しばし畑で小椅子に座り、この「里山」を観察するようになった。

大月市梁川町の活性化を図るための一環として、『山紫水明』と題して、歴史と古跡について説明し、写真入りの立派な冊子が発行されている（梁川町の活性化を考える会、二〇〇七年）。それによれば、甲斐の国、武蔵の国や相模の国との人々の往来と物資の運搬のために、桂川沿いに道幅の狭い鎌倉道があったと伝えられている。さらに桂川の河岸段丘の北岸には同じく道幅の狭い江戸道《みち》（甲州古道）があって、その周辺に住む村人、さらに身分を隠す人々や通行手形を持たない人々が往来したという。

この二つの古道の跡を散策道に整備し、案内板の他、神社、仏閣、霊場、史跡などの由来の掲示板を設置すれば、都市に近い格好のハイキング・コースとなり、都市住民に里山の自然と景観に触れる機会を提供することになるだろう。だが、自然散策コースという地域資源は、自治体か、地元住民による持続的な整備と維持管理によって利用可能である。だが、高齢化と過疎化の著しい「里と山」で、果たして地域再生のための地域資源として有効に活用できるであろうか。

それを実現するには、「内発的発展」のためにさらにグリーンツーリズムという都市農村交流の一環として位置づけ、収益性が見込まれる農産物直売所、観光農園、体験教室、市民農園、農家民泊などの経済的な資源が有効に活用されて、初めて可能であろう。だが、この里山の再生は遅きに失したと考えている。

（二〇一四年一一月二三日、擱筆）

生駒山から見た山麓―山間棚田と集落―

第十七章　徳野貞雄著『農村《ムラ》の幸せ、都市《マチ》の幸せ――家族・食・暮らし』を読む

（二〇〇一年、NHK出版、生活人新書）

真夏に慌てる

前年の苺がそのまま生長した。テキストでは苺の苗をマルチフィルムで覆い、破って表面に出しておくと、実った果実に泥が付かないと書いてあった。黒マルチで覆うと、どこに苗があるか分からない。そこで、透明マルチで覆えば、苗の所在が分かり、穴を開けて破いて苗を表面に出すことが出来た。畑で泥のつかない真っ赤に熟した果実をもぎ、小椅子に座り、五月の爽やかな天候の下で苺の果実を口に入れると、濃厚な甘味があり、僅かな酸味は甘さをさらに倍加させた。それが本当のナチュラルな苺の醍醐味だろう。

だが、梅雨が明け、真夏になって、透明マルチを使用したことが大失敗だったことを、いやという程、思い知らされた。収穫期を終え、マルチを剝ぎ、雑草を小ガマで除草した。梅雨が明けると、逞しい夏草がまた茂り出し、ほったらかしにしておいた。なぜなら、親株から無数に赤いランナー（走り蔓）が伸び、活着した子株、孫株を採り、培養土を入れた育苗ポットに植え替えようと思った。昨年、それを試みたが、ポットから苗が浮き上がり、活着は上手く行かなかった。その失敗を繰り返さないつもりで、雑草を放置した。五月以前、春蒔きの大根、カブ、春菊、小松菜、ほうれん草の種蒔き、さらに玉ねぎやニンニク、冬越しのエンドウと空豆、かき菜の収穫に追われた。とくにス

ナップエンドウは肉厚のさやと緑色の豆は甘味と歯ごたえがあってうまかったが、腰の痛みに耐え、小椅子に座りながら、蔓から一つ一つを鋏で切り取るのに時間がかかった。

再び軽い熱中症になる

梅雨明けに、畑でもう一作、大根、にんじん、カブの種を蒔こうと、耕耘機で耕し、両サイドをレーキで土を寄せ高畝をつくろうとしたが、猛烈な疲労感を覚えて作業は続けられなくなった。小屋の日陰で小椅子に座り、用意した水を飲み、もいだキュウリをほおばった。しばらくして立ち上がると、眩暈がして、目がちかちかした。これはまずいと思い、レーキ、三角ホー、鎌を畑にほったらかしにして、竹籠を背負い、炎天下の農道をとぼとぼと歩き、その途中、何度も耐えられなくなって、木陰に座り込み、やっとの思いで家にたどり着いた。

着ていた上着は、汗で肌にべったり付いて、脱ぐのに手間がかかった。ともかくシャワーを浴びて、水風呂に入り、浴槽でしばらく静かにしていた。ところが、睡魔におそわれそうになり、さっさと風呂から出て扇風機をつけ、塩をなめ、水をがぶ飲みして、畳の上に大の字になって寝転んだ。しばらく寝たが、急に吐き気がして目が覚めた。トイレに駆け込み、嘔吐した。また寝転がった。今度は便意を感じ、再びトイレに行ったが、下痢気味だった。多少、元気になったので、畑に出かけ、散乱した農具を畑小屋に収納した。家に戻り、しばらく休養し、リュックサックを背負い、JR中央線の高尾駅で乗り換え、自宅の小金井に帰宅した。梅雨明けで湿気があり、暑さに慣れていないため、脱水症状となり、軽い熱中症にかかったのだろう。

その翌日、右の膝頭が痛むので、自宅の近くの整形外科の看板のある診療所へ行き、患部に注射してもらった。医師に昨日の熱中症の症状を話したら、早速、血液検査のため、注射で静脈血を採取され、さらに点滴注射をしてもらい、レントゲン撮影、心電計の検査も受けた。その翌日、診療所から電話がかかり、来診するように言われた。すでに血液検査のデータが届いていて、医師からクレアチニンなど腎臓に関するデータが極めて異常値を示していること、さらに「恒常性」維持（ホメオスタシス）の機能が低下していると言われ、かかりつけの診療所で受診するように指示された。

数日後、かかりつけの診療所の血液検査の結果、検査のデータはいずれも正常値に戻った。以後、熱中症にたいする自己免疫性が形成されることを期待し、真夏の高温時には水分の補給に努めることにした。村人と異なり、遅寝遅起きの生活習慣のある私は、真夏でも温度が上昇する時間に畑に出掛ける。このように、畑で収穫と草刈りの作業をしたが、その後は熱中症にかからずに済んだ。

「一人遊び」の土いじり

「生体の恒常性」とは、すでに触れたように、アメリカの生理学者キャノンが提唱したホメオスタシスの訳語である。私はポピュラー・メディカル（通俗医学）の知識から、病気とはホメオスタシスの「逸脱」と理解していたが、「機能の低下」という生体の生理学的な現象までは理解していなかった。高齢者が自宅で熱中症により死亡する報道に接し、高齢者の死はホメオスタシスの機能が低下し、異常な高温を知覚出来ず、死に至らしめたのであろう。

今、私も高齢者となり、メタボの体型の私は座っている状態から「どっこいしょ」という思いで、立ち上がるようになった。杖をついてふらついて歩くような状態ではないが、歩行はますます遅くなり、歩くと、足の裏と靴底がフィットせず、違和感を覚えるようになった。それでも、当分は畑での耕作を止めようとは思わない。この土いじりは私の趣味と健康のために向いているだけではなく、退職して「毎日が日曜日」の私は土に触れながら、畑の「一人遊び」は最適な人生体験だと思っている。在職中、本読みと物書きに多くの時間を割き、たまたま「一人遊び」が出来る己が人生に無常の幸せを感じた。畑仕事の原稿を書いているのも「一人遊び」の延長だが、もともとエッセーの類《たぐい》を書くのは苦手の部類に属し、今でもそれは変わらない。

時期外れの大型台風の来襲と除草

八月になって、季節はずれの大型台風十一号と十二号が来襲した。その後、畑の土が泥濘《ぬかり》、畑に入ることが出来なかった。しばらくして畑に行くと、ナス、ピーマン、シシトウなどの支柱が傾き、さらに生長したネギもまた無残に倒れていた。収穫したとうもろこしと枝豆は、時期を失したため、枯れてただの野菜のくずになってしまった。とまれ、台風の爪痕を修復するのに、丸一日を要したため、最初の秋冬野菜の大根、ニンジン、小カブの種を蒔くことが出来なかった。しかも、五月上旬に植えたキュウリは最盛期を過ぎ、葉と蔓は枯れてしまった。新たに植えた蔓なしキュウリの苗はなかなか生長してくれない。それもまた時期を逸したようだ。

トマトの支柱も傾いていた。本来、高温多湿の日本の夏はトマトの生育環境に適していない。毎年、苗を植えつけ、整枝せず、放任しているので、わき芽が伸び、茎や葉が繁茂した。藪のような状態のなかから、実った赤いトマトを収穫するのも厄介だ。しかも雨に当たると、果実は裂果してしまう。そのため、通常は果実の上に頑丈に雨よけのシートをかぶせるが、台風に見舞われると、シートが破れて、ヒラヒラと舞うことになるので、シートをかぶせないことにしている。さらに、大玉トマトの裂果を見ると、見た目が悪いし、食べても美味くない。そこで、もっぱらミニトマトを栽培することにしている。それでも、雨に当たると、裂果する。だが、畑で完熟した赤いミニトマトをもいで口にすると、最高に美味い。

当然、大型台風は大量の雨を降らした。そのため、土中に大量の水分が含まれ、天候が回復すると、ナス、ピーマン、オクラ、シシトウなどの果菜類の立派な果実を収穫することが出来るようになった。台風で傾いたネギを小椅子に座って、周囲の雑草を除草し、化成肥料を追肥し、スコップで土を寄せた。七月に苗を植えた根深ネギは軟白部が太くて長く生長したようだ。

夏草は草刈機で刈ることにした。雑草を根元から刈るため、草刈機の刃先を土のなかに入れて刈った。ところが、土が乾いていたので、盛んに土煙をあげ、目の前が見えなくなった。肩に掛けた草刈機は重く、しかも急速回転する金属製の刃先に手足が触れると、大怪我をする。草刈りの作業のあと、刈った草の処分が問題だが、数か所に集め、あとで枯草を燃やし、カリ、燐酸などに富む草木灰として肥料に使用することにしている。ところが、枯草は炎天下でも、積み上げた枯れ草の下は腐っていて、なかなか燃焼してくれない。近くの畑では、小型のバーナーで腐った枯れ草と一緒に燃やしていた。

継続することの難しさ

あとの雑草退治は、いずれも小鎌で処理することになる。苺畑の個所は茂ったエノコログサを除草しなければならない。親株のランナー（走り蔓）から子株や孫株を見つけたら、大事に越冬させて、来年の初春に移植し、大型連休の頃には成熟した真赤な苺の果実を堪能したい。サツマイモは黒いマルチフィルムを張って蔓苗を植えたが、雑草予防の黒いマルチの両脇の畝間《うねま》に雑草が茂った。除草しながら、蔓返しをした。昨年は小芋しか出来ず、生育に失敗した。今秋こそ立派な芋を収穫したいものだが、掘ってみないと分からない。サツマイモの葉と蔓が元気に成長していたが、試し掘りをして焼き芋にして食べた。ホクホクしていたが、サツマイモ特有の甘味に欠けていた。

さらに黒皮スイカの種と白皮の中玉カボチャの種（サカタのタネ、商品名は雪化粧）を蒔いた個所に雑草が茂った。カボチャはホクホクした食感と品の良い甘味は最高だが、今年は何かの手違いで蔓だけ伸びて、一個だけ成った。カボチャは雑草に負けたのか、受粉が上手くいかなかったのかも知れない。

畑の「地主」の妻はただの「作男」の私に携帯電話で除草しろと厳命しただけで、この面倒な除草が終了すると考えているようにしか思えない。自然に恵まれた耕地で健康と趣味のために、ただの「作男」として野良仕事を遂行することで満足するのか。もっとも「作男」の私は体力が衰え、一泊二日の野良仕事さえ継続するには困難な状況になった。

自給農家の安気と不安

周囲の兼業農家、その大部分は年金受給者で自給農家である。生産した野菜を商品として近くの農協経営の直売所へ出荷する農家もある。ただ、葉菜類であれば、商品として見映え良く整形し、サイズも均一にして出荷しなければ売れない。売り残れば、その翌日に直売所へ行き、引き取ることになっている。多くの農家は野菜の生産に励んでも、年金でほどほどに生活出来るので、野菜を商品として出荷することまではしない。自給用の耕作でも、有機肥料や化成肥料の支出を考えると、スーパーの野菜売場で野菜などを買った方が安いと言う。それは年金生活で暮らす本人たちの本音なのかも知れない。だが、先祖伝来の農地を荒地にする訳にもいかない。

すでに触れたように、この山狭村は小・中学校はすでに廃校となり、近辺に診療所さえなく、金融機関の支店もなければ、農協の支所は閉鎖された。またコンビニもないため、日常生活には大変不便だが、自家用車があれば、その不便は解消出来る。しかも住むには広い家があり、多分、住民税も固定資産税も安く、野菜は自給することが出来るなど都市と比べると、生活費ははるかに安くつく。それで、年金で生活が出来れば、なんら生活上の不安と不満はないはずである。ところが、一夏でも耕地に雑草を繁茂させたら、正常な耕地に戻すには、丁寧な草刈りを要とするという根強い経験則がある。

ところが、家の跡を継ぎ、結婚して、両親と同居し、両親が死んで家と耕地を相続した。最大の不安は、成人した息子か、娘がその家に住むか、空き家にしてしまうのか、将来の目論見だろう。そこに日常的に定住しなければ、当然、耕地を貸地にしない限り、耕地は荒地になるだろう。都市僻遠の農山村に限らず、通勤可能な都市近郊の農山村でも、人口の自然減、若年層の流出、少子高齢化、耕作放棄による耕地の荒廃、空き家と廃屋の増加など、家と集落の継続の危機が確実に進行している。農地を宅地に転用し、住宅を新築するケースもないではないが、それ以上に空き家が目立ち、その空き家を貸したいというケースをよく耳にする。自治体は重い腰を上げて、空き家を調査し、借り主をインターネットで募集しているそうである。

農業経済学よりも農村社会学は面白い

私は農山村の一隅で週一の畑仕事をしながら、たえず農山村の現状や将来はどうなのかと、しきりに考えさせられる。そのため、農政学者や農業経済学者が農山村の危機的状況をどのように考察しているのか、彼らの啓蒙的な著作を「雨読」した。ところが、直ぐに厭《あ》きて放り出してしまった。私にはこの方面の基礎知識に欠けることにその原因の一つがあるのだろう。農政学や農業経済学はあくまでも実践の学問であろう。だが、耕作者に実際にどれほど役立っているのであろうか、大いに疑問だ。

ただ、研究のために農民に農業の現状を静かに聞き、ネオ農本主義者と批判された異端の農学者の守田志郎の一連の著作は、厭きずに、読み通した。そこで、すでに彼の『対話学習　日本の農耕』（一九七九年、農山漁村文化協会）をとくに読み、検討したことがある。要するに、守田は日本の農業は自然との循環と継承を基礎に、小規模複合経営のもとで稲作と畑作の輪作、牛や豚を飼育し、平飼いの鶏に卵を産ませて、その糞尿を堆肥にして肥料にする。そこで、守田は稲作、畑作、畜産による、単一の農畜産物の選択的拡大を提唱した農業基本法農政を批判した。

偏見といわれれば、それまでだが、主流派と思われる農業経済学者の著書を瞥見すると、『農林業センサス』などのいわゆる官庁統計をもとに、パソコンで時系列に整理したり、地域間の相違を比較してその特性を明らかにしようとしている。そのことは、たしかに統計的な分析として説得的だが、農業も農村もあくまでも「ヒトビト」（農民）が主体である。その「ヒトビト」がどのように合理的、ないし非合理的（とくに画一的な官庁、農協などの政策・経営方針などによって）な選択的に行為した結果が、もろもろの統計上の数値に表れているのであろう。

その点、農村社会学は官庁統計を無視することはないが、農村の現場で調査の趣旨を理解してくれた「ヒトビト」に直接にインタビューしたり、さらに調査の一定の目的から「作業仮説」を設定し、手作りの調査票を作成し、学生や研究生を調査員に動員し、「ヒトビト」（調査対象者）に配布する。調査票の回収のさいには、調査員が直接面接し、回収した調査票を統計的に処理する一方、とくに自由回答欄に記載された各票の自由回答は調査の大切なヒントになる。農村調査を分析して、農村の「ヒトビト」のビビッドな意識と生活は、一つの試論に過ぎないとはいえ、その地域の特性を考慮し、ともかく調査結果をモノグラフとして公表する。

イエとムラの変容

かつて農村社会学、あるいは学際的な村落研究はイエ（家）とムラ（村）の解明を中心に、同族団やマキ、講と村組、通婚圏や伝統的な儀礼などなどが在野の研究者を含めて、盛んに研究された。村落の指導的研究者の一人が、第三章で触れた有賀喜左衛門である。彼は日本のムラを近隣の相互扶助に基づく家連合としての「村落共同体」と規定し、その共同体的・封建的な規制がときに問題とされたが、農地改革や高度経済成長以降は農村をめぐる変容によって村落共同体の研究も大いに変容した。

徳野貞雄の『農村《ムラ》の幸せ、都市《マチ》の幸せ』でもムラを単に「村落共同体」と考えるのではなく、「機能的共同体」と規定し、ムラは「法人的性格」を持ち、例えば、農道の整備や集会施設の建設などの共同の目標に向かって機能的に活動すると言うのである。マチの町内会にたいして、ムラでもイエ（家族）を構成単位として地域的・伝統的な組織体が（村の）「部落会」であろう。「村組」の二、三の集合である。「部落会」は神社の祭礼の開催、寺院の檀徒役、連合運動会の開催、公民館の運営など自治的活動とともに、地方自治体の印刷物やチラシなどを配布する末端の行政の補助的な組織である。必ずしも法律的に設立された「法人的性格」を備えていない。むしろ、慣行を尊重し、規約さえない「部落会」がある。

危うい社会学の分析と認識

「社会の構造と機能」とは、社会学史はもとより、社会学理論、さらに代表的な農村社会学、都市社会学、家族社会学などの分科社会学の主たるテーマである。農村社会学者の徳野は日本のムラを「機能的共同体」と強調したが、共同体のシステムとしての「構造」を概念的に捨象してしまった。農村社会学では、現状は衰えたとしても、依然として家々からなるムラは農村社会と言うシステムに開かれた単位システムである。そして村落共同体というシステムの諸要素の「働き」およびその作用が機能である。「機能的共同体」とは、特定の機能を遂行するために計画的・意図的に形成された集団＝アソシエーションであって、所与の共同生活の諸条件、あるいは特定の地域性と共同感情を持つコミュニティ（共同体）とは異なる。だから、徳野の言う「機能的共同体」とは、農村社会学でも奇妙な概念ということになる。

「村落共同体」は生産と生活を基軸にした強い社会的統一性を持つ「部落連合」として存続しているが、戦後の農地改革をはじめ高度経済成長とそれ以降、ムラは専業農家と兼業農家、非農家の混住化地域となって、伝統的な村落共同体的秩序は変容した。しかも、徳野は「企業組織の原型はムラの機能的共同体」だ、「ムラの行動原理と精神が、日本のサラリーマンの原型を作ってきた」と指摘している（四六―七頁）。徳野は、個人の自由な生活を優先する「個人主義」にたいして、個人を包摂する集団重視の「集団主義」、あるいは経営家族主義として特徴づけられている

「日本的経営」をイメージしているのであろうが、そのことと「ムラの機能的共同体」や「ムラの行動原理と精神」とは必ずしも無関係ではないが、両者の直接的な関連性を主張することはあまりにも短絡的でないだろうか。

だが、徳野の「水虫から見た日本」の記述は面白い。明治政府は近代化・産業化のために「脱亜入欧」を進め、導入した欧米の生活スタイルの結果、サラリーマンは湿気の多い夏でもネクタイで首を締め、袖をボタンで留め、しかもズボンをはき、足に靴下をはいている。そのため、湿度の高い夏に水虫になるというのである。しかも日本の夏向きの木造建築物は、欧米の冬型のモルタルか、コンクリート仕様の密閉式になった。夏は室内で電気を使って冷房して過ごす。そのため、とくに女性は冷房病で体調を崩すと指摘している。農村社会学者の徳野は「ならなくてもよい水虫になり、なぜ〔女性は冷房病で〕体調を崩さなければならないのか」と余計な心配をする（一三一頁）。それは日本の近代化・産業化の結果だろうと推測しているが、たしかにジョークとして面白い推測だが、農村社会学者として真面目に言及に値《あたい》するかどうか、大いに疑問である。

すでに触れたが、私はこの猛暑の畑で軽い熱中症になった。畑で鍬を振って、土を掘ると、直ぐくたびれて中止し、日陰で小椅子に座り、休息した。そのうち、軽い頭痛がし、眩暈がするようになった。これはヤバイと思い、歩いて家に戻って、野良着を脱ぎ、しばらく水風呂に入り、扇風機のスイッチを入れ、居間の畳の上に大の字に寝ころんだ。吹き込んだ風と、扇風機の風は涼しいと感じたが、起き上がると、なぜか蒸し暑いなと感じ、再び畳の上に寝転んで休養することにした。この旧式の家はとくに夏の蒸し暑さを考えて作られた建物である。

だが、ユニークな発想と考察

私は、現代の日本はすでに「全般的都市化の時代」だと思う。つまり、都市においてはゴミや道路などの専門的な処理への依存、しかも隣近所を知らず、インパーソナルな一時的・断片的な近隣関係、職住（職場と住宅の）分離、合理主義と個人主義化など「都市的生活様式」が支配的である。この種の「都市的生活様式」は都市においてはますます深化し、農村にも浸透した。農村の伝統性、地域性、一体性は一応に衰退し、テレビ（とくにコマーシャリズム）や雑誌（とくに若者向けのファッション雑誌）など、さらに有料か、広告宣伝を目的としたインターネットの情報サービスがそれを促進している。

とはいえ、都市地域と都市住民が着増し、農産物について言えば、生活者は農産物の生産者と消費者に分断された。消費者は農産物をただの「商品」として安く、かつ見栄えの良いものを購入する。そこで、生産者は一定の規格に適合するように栽培・収穫し、安定的に一定量を出荷するように強要されるだけではなく、産地間の競争も強要される。しかも諸外国から安価な農産物が輸入されるようになって、次第に食料自給率は低下した。とくに牛、豚、鶏の飼料となる、とうもろこし、大豆などの穀物自給率は低下し、三〇％以下である。

徳野は「外材和食」という奇妙な造語で、「今の日本人が食べている和食のほとんどが、外材を使っています」と指摘している。ちなみに、味噌、醤油、豆腐、油揚げなどは大豆製品だが、その食用大豆の九十％以上が外国からの輸入品である。しかも和食のうどん、冷麦、そうめんなどの材料の小麦粉もまたそのほとんどは輸入品である。「和食」と言っても、その食材は、例えば、ジャガイモ、大根、ニンジン、玉ねぎなどを除き、そのほとんどが輸入品である。それが事実であるならば、私は「外材和食」だけではなく、日本人が食べる「外材洋食」、さらに「外材中華」なども言える。しかも、徳野によれば、食のあり方が複雑怪奇になり、農家にとって「農産物」が、行政にとっては「食糧」となり、流通業者にとっては「商品」となり、そして消費者には「食品」である。つまり、今や「食と農」は概念的に異なり、大混乱していると指摘している。

最後に、徳野のユニークで、概略的な「暮らしの生活社会指標」を簡単に紹介する。「都市のサラリーマン」（以下、「サラリーマン」と略記）と「農村の安定兼業農家の人」（以下、「兼業農家」と略記）を比較し、両者の生活社会指標を作成した。「サラリーマン」（とくに大企業のサラリーマン）は「所得」が高く、さらに「教育／学歴」は優位である。ところが、「家族／世帯員数」や「七十歳時点の仕事」などの「地域の人間関係資源」は「兼業農家」が優位である。さらに「家屋／部屋数」や「自然／環境」などの「地域が固有にもつ空間資源」はやはり「兼業農家」の方が恵まれている。このように、徳野は「兼業農家」に軍配を挙げている。一般に、農村が都市よりも「暮らしの生活社会指標」が恵まれているならば、なぜ、人口が過密な都市から優位なはずの過疎化した農村へ移動しないのであろうか。

「農」の多様な現実

都市のサラリーマンはたしかに野菜作りという土遊びに憧れているであろう。その擬似体験として、使用料を払って僅か一坪半程度の住宅地の近くの市民農園で野菜の種を蒔いたり、ホームセンターで苗を購入し、さらにガラス繊維強化プラスチックのダンポールという支柱を半円形にして、その上に長繊維不織布のシートを掛け、無農薬のトンネル栽培で、収穫の喜びを享受している。その合間に利用者同士で盛んに会話しているのは、サラリーマンの業績至上主義の職場とは異なった体験に違いない。さらにプランターなどを使って、ベランダや屋上庭園で家庭野菜の栽培も盛んに実施されるようになった。

だが、「お金がお金を産む」ためのマネー・ゲーム、つまり「マネー資本主義」への警鐘（藻谷浩介）、資本主義では不平等と格差が拡大するという「根本的矛盾」（トマ・ピケティ）、金利ゼロには利潤率もゼロという「資本主義の終焉と歴史の危機」（水野和夫）が提唱されている。このゼロ金利のもと、日本銀行は輪転機でお札を増刷して、円安と株高を演じた。それは景気回復の一時的なカンフル財になるであろう。雇用は一時的に増加するであろうが、その先が見えてこない。

今、地方公務員、郵便局員、農協職員なら別だが（もっとも、地方自治体は財政難のために新たに正規職員を採用しない。農協もまた次第に規模を縮小して新たに正規職員を採用しない)。実態的な経済の成長の時代に農村や、自動車で通勤出来るような都市近郊に、果たして安定した企業や職場に就労することが出来るのであろうか。一般企業は競争で生き残るために、早朝出動、長時間残業を奨励しないまでも、黙認することは当然であろう。都市近郊の職場でも、年功序列で部課長の役職者にでもなれば、業績至上主義と職員の業務管理のために、精神的・肉体的に疲労は蓄積するだけではなく、早朝五時の電車に乗り、夜遅く、家で遅い夕食と、ただ休息と寝るために帰宅するであろう。

徳野は「農」と「農業」とは異なると指摘している。私の場合、素人の「農」の合間に自然の景観を堪能している。四季折々の変化を実感出来る農山村で、趣味と健康(さらに収穫という実益)のために、身体的に無理をしても「一人で土遊び」をすることで、世俗の生活の邪念を払拭することが出来た。

「毎日が日曜日」の私は週一回一泊二日、一人で土弄《いじ》りをして、それ以外の日々を休息と本読み・物書きの「一人遊び」で過ごすことは、私流に「農村《ムラ》の幸せ、都市《マチ》の幸せ」というラッキーな生活を享受していると信じたい。「農村の幸せ、都市の幸せ」は定年退職後の私のような個人の問題ではない。一九九三年からガット・ウルグアイ・ラウンドの農業交渉妥協により、農業物について工業製品と同様に自由化する「農工無差別自由化論」が大きな潮流となり、ますます実現しようとしている。「農村の幸せ、都市の幸せ」を実現するには、農業と工業の本質的な相違、食糧をめぐる安全保障、農家の保護と育成、環境と生態系の保存、さらに「水田ダム」効果などを尊重することが重要である。一般に農業の工業化は、農産物の付加価値を高めて高価格で販売しようとすれば、かえって自然環境に負担をかける結果となるだろう。

文献

□ワース著「生活様式としてのアーバニズム」（高橋勇悦訳）鈴木広編『都市化の社会学』増補版収録（一九七八年）
□堀マサヨほか編『地方からの社会学』（学文社、二〇〇八年）

おわりに

今から九年前に定年退職した。そこで、山梨県東部にある妻が相続した二〇〇坪の畑で、週一回（一泊二日）の悠悠自適の晴耕雨読の生活を始めた。都市で生まれ、都市で暮らした私には畑仕事は初めての体験で、最初はまさに五里霧中の状況だった。畑に野菜作りのマニュアル本を持参し、小椅子に座って読み、それに従って肥料を撒き、土作り、種を蒔き、苗を植えるなどをした。今から四年前、同人雑誌『まんじ』（発行人、三戸岡道夫、季刊）に入会し、「目耕録」と題して寄稿した。それと同時に「農」について書かれた作家の作品を読み、書評というよりも感想文らしき拙文を連載した。

ところが、ずぶの素人の私は「晴耕」の体験を書き、「雨読」の感想文を書くようになり、臆面もなく連載を続けた。畑仕事は作物毎に成功したり、失敗したりした。作業はほぼ毎年の繰り返しであるが、「失敗は成功の母」である。そのように楽天的に考えて、畑仕事に励んだ。野菜作りに多少の余裕が出来たが、次第に身体的に老化が進み、畑仕事は継続出来ず、鍬を放り出して小椅子に座り、四季折々に変化する景観を眺めたりして、少子高齢化や過疎化の危機に直面している「農」つまり農業、農村、農民について考えることが多くなった。

また、「目耕録」を書き出した当初、全体の構想を練って『まんじ』に寄稿したのではなく、近くの公立図書館で検索して借りた「農」に関する文献などをアトランダムに「雨読」し、「晴耕」体験を書き続け、連載した「目耕録」

も適当な分量になった。本書は市民農園や家庭菜園での野菜作りではない。また、農山村の定住者の体験記でもなければ、帰農者あるいは新規営農者の体験記でもない。だが、文字通り、この拙書は私の「生前の遺書」として、「この世」の、あるいは「あの世」の置土産として出版することにした。これまで学術書の著書・編著・個人研究誌の出版・印刷で厚誼を得た時潮社から刊行することにした。

出版にあたり、書物としての体裁を考え、新たに「第一部」「第二部」「第三部」とサブテーマを設け、同人誌『まんじ』に発表した順序をかなり変更した。そのため、野菜作りや近くの里山の景観の観察について、必ずしも歳時記風の時系列的な構成になっていない。

そろそろ定年退職を迎えて、自然へのあこがれから、農山村に住むことを考えている方々、あるいは別荘に暮しながら、健康と趣味そして実益として、野良仕事をしたいと考えている方々の多少とも参考の一助となれば幸甚である。

二〇一五年四月二五日

著者紹介

山本 鎭雄（やまもと・しずお）

日本女子大学名誉教授

主な著書：『西ドイツ社会学の研究』恒星社厚生閣、『社会学的世界』恒星社厚生閣、『社会学』日本女子大学通信教育事務部、『現代社会学のエッセンス』（共著）恒星社厚生閣、『現代社会学の諸相』（フランクフルト社会研究編＝訳書）恒星社厚生閣、『社会学的冒険』（ディルク・ケスラー＝訳書）恒星社厚生閣、『新明社会学の研究―論考と資料―』（共編著）時潮社、新明正道著『ドイツ留学日記』（編集）時潮社、『時評家 新明正道』時潮社、『新明正道―綜合社会学の探究―』東信堂、他

目耕録

――定年退職後の晴耕雨読――

2015年7月21日 第1版第1刷　定　価＝1800円＋税

著　者　山　本　鎭　雄 ©

発行人　相　良　景　行

発行所　㈲　時　潮　社

174-0063 東京都板橋区前野町 4-62-15

電 話 (03) 5915-9046

FAX (03) 5970-4030

郵便振替　00190-7-741179　時潮社

URL http://www.jichosha.jp

E-mail kikaku@jichosha.jp

印刷・相良整版印刷　製本・仲佐製本

乱丁本・落丁本はお取り替えします。

ISBN978-4-7888-0703-7